卓越 工程师教育培养计划系列教材

杨运泉 ◎ 主编

尹双凤　揭　嘉 ◎ 副主编

化工原理实验

U0248846

化学工业出版社

·北京·

图书在版编目（CIP）数据

化工原理实验/杨运泉主编 . —北京：化学工业出版
社，2012（**2018.9重印**）
卓越工程师教育培养计划系列教材
ISBN 978-7-122-14914-5

Ⅰ. 化… Ⅱ. 杨… Ⅲ. 化工原理-实验-高等学校-
教材 Ⅳ. TQ02-33

中国版本图书馆 CIP 数据核字（2012）第 163062 号

责任编辑：徐雅妮 杜进祥 文字编辑：向 东
责任校对：蒋 宇 装帧设计：关 飞

出版发行：化学工业出版社（北京市东城区青年湖南街 13 号 邮政编码 100011）
印 装：大厂聚鑫印刷有限责任公司
787mm×1092mm 1/16 印张 8½ 字数 186 千字 2018 年 9 月北京第 1 版第 4 次印刷

购书咨询：010-64518888（传真：010-64519686） 售后服务：010-64518899
网 址：http://www.cip.com.cn
凡购买本书，如有缺损质量问题，本社销售中心负责调换。

定 价：20.00元

前　言

　　化工原理实验教学是化工原理课程教学的一个重要组成部分。近年来，随着全国高校化工类专业"卓越工程师教育培养计划"项目的深入实施，以及教育部高等学校化学工程与工艺专业教学指导分委员会对所制订的《"化学工程与工艺"指导性专业规范》的不断完善，全国不少高校为了适应这种新形势的迫切要求，对化工原理实验和其他实践教学环节的改革日益重视。引入先进的实验教学理念和内容，不断完善实验教学方法和手段，加快建设具有"基础、综合、提高、创新"功能的工程教学实验室及相关教材，培养理论基础扎实、专业知识综合运用能力强和创新素质良好的"工程型、复合型"化工专业技术人才，已经成为全国高校化工类专业人才培养的共同目标。基于这一目标，我们组织编写了本实验教材。

　　本教材的编写突出了如下几个特点。

　　1. 实验项目编写既紧扣《"化学工程与工艺"指导性专业规范》的基本要求，又较好地反映了现代化工单元操作新技术研发与应用成果。通过开设基础实验项目，强化学生对化工原理课程涉及的基本概念、基本理论的深入理解，对化工单元过程基本操作方法的熟练掌握，以及对化工单元操作的工艺流程与设备装置的较全面了解，培养学生的基本动手能力和实验基本技能；通过开设提高性实验项目，充分调动学生的主观能动性，提高学生学习本课程的兴趣和积极性，增强学生掌握和运用所学基本理论分析和解决实际工程问题的能力、专业知识综合运用能力和创新能力，为学生今后开展科学研究工作奠定良好的基础。

　　2. 在实验内容中引入近年来化工原理实验教学改革和发展的新成果。将计算机仿真系统引入化工原理实验教学过程，借助先进的计算机模拟、仿真功能，更好地加深和巩固学生对化工原理课堂教学内容的理解，提高学生应用计算机分析、处理实际工程问题的能力，同时开阔学生的专业视野。

　　3. 在教材中增编了对工程实验组织和设计的基本方法、实验数据测定与处理方法、化工实验常用测量仪表等知识的介绍，既有利于拓展学生知识面，又有利于提高本课程的实验教学效果。

　　4. 教材内容简要、理论适中、实验项目实用性强、思考题内容与课程理论教学紧密联系。

　　湘潭大学化工原理教研室和湖南大学化工原理教研室一起，共同完成本书的编写工作。其中，第一章和第二章由揭嘉副教授（湘潭大学）编写，第三章由揭嘉副教授和杨运泉教授（湘潭大学）共同编写；第四章由熊鹰副教授（湘潭大学）编写；第五章由杨运泉教授（湘潭大学）编写；第六章由杨彦松实验师（湘潭大学）编写；附录由李国龙高级实验师（湘潭大学）编写。湖南大学化工原理教研室尹双凤教授对全书进行了初审并提出了许多有益和宝贵的修改建议，杨运泉教授对全书进行了统稿和最终审校。在本教材的前期内部试用过程中，湘潭大学化工原理教研室周大军教授也为本书的编写做了大量工作。在本教材出版之际，编者对参编单位的相关老师和同事们所作出的贡献表示由衷的感谢，对在本教材编写过程中所参考的文献作者或单位致以深切的谢意。

由于编者水平有限，疏漏之处在所难免，恳请广大读者批评指正。

编　者

2012 年 7 月

目　录

第一章	绪论	1

一、概述 ······ 1

二、化工原理实验教学目的 ······ 1

三、化工原理实验教学要求 ······ 2

四、化工原理实验教学内容 ······ 2

五、化工原理实验报告编写 ······ 3

思考题 ······ 5

第二章	工程实验基础	6

第一节　工程实验的基本方法 ······ 6

一、数学模型法 ······ 6

二、量纲分析法 ······ 8

三、工程实验的组织 ······ 10

第二节　实验数据测定常用方法及仪表简介 ······ 12

一、压力测量 ······ 12

二、流量测量 ······ 13

三、温度测量 ······ 17

四、组成和成分的分析测定 ······ 23

第三节　实验数据的整理方法 ······ 25

一、实验数据的取舍 ······ 25

二、实验数据的读取与记录 ······ 25

三、实验数据的计算与处理 ······ 25

思考题 ······ 29

第三章	化工原理演示实验	30

实验1　雷诺演示实验 ······ 30

实验2　伯努利方程演示实验 ······ 31

实验3　热边界层演示实验 ······ 33

实验4　旋风分离器除尘演示实验 ······ 35

| 第四章 | 化工原理基础实验 | 36 |

实验5　流体力学综合测定实验 …………………………………………… 36
　　Ⅰ　流体阻力的测定 ……………………………………………………… 36
　　Ⅱ　流量测定与流量计校核 ……………………………………………… 39
　　Ⅲ　离心泵特性曲线的测定 ……………………………………………… 41
实验6　恒压过滤常数测定实验 …………………………………………… 43
实验7　传热系数测定实验 ………………………………………………… 45
实验8　筛板精馏塔全回流操作及塔板效率测定实验 …………………… 48
实验9　填料吸收塔吸收系数测定实验 …………………………………… 51
实验10　干燥速率曲线测定实验 ………………………………………… 56

| 第五章 | 化工原理提高实验 | 61 |

实验11　固体流态化实验 ………………………………………………… 61
实验12　填料吸收塔流体力学和传质性能综合测定实验 ……………… 63
　　Ⅰ　填料吸收塔流体力学性能的测定 ………………………………… 63
　　Ⅱ　填料吸收塔传质单元高度的测定 ………………………………… 66
　　Ⅲ　填料塔中液相轴向混合特性的测定 ……………………………… 68
　　Ⅳ　填料塔中填料持液量的测定 ……………………………………… 71
实验13　板式精馏塔部分回流操作及塔板效率测定实验 ……………… 73
实验14　转盘萃取塔操作与传质单元高度测定实验 …………………… 80
实验15　降膜式薄膜蒸发实验 …………………………………………… 85
实验16　动力波吸收操作与吸收效率测定实验 ………………………… 87
实验17　中药中挥发性有效成分的超临界流体萃取实验 ……………… 90
实验18　鱼油中DHA和EPA的分子蒸馏提取实验 …………………… 94

| 第六章 | 化工原理计算机仿真实验 | 98 |

第一节　计算机仿真实验系统简介 ……………………………………… 98
　　一、系统版本和安装使用环境 ………………………………………… 98
　　二、计算机仿真实验内容 ……………………………………………… 98
　　三、计算机仿真实验系统的启动 ……………………………………… 98
　　四、实验仿真系统功能 ………………………………………………… 98
第二节　化工原理计算机仿真实验 ……………………………………… 106
实验19　离心泵特性曲线测定 …………………………………………… 106
实验20　流量计的认识和校验 …………………………………………… 108

实验 21　流体阻力系数测定 ··· 109

实验 22　板框过滤实验 ··· 109

实验 23　空气-蒸汽/水-蒸汽系统的传热实验 ··· 110

实验 24　乙醇-水体系的精馏实验 ··· 111

实验 25　乙醇-丙醇体系的精馏实验 ·· 113

实验 26　填料吸收塔的流体力学性能测定实验 ·· 114

实验 27　清水吸收混合空气中氨的传质性能测定实验 ·································· 115

实验 28　干　燥　实　验 ·· 116

附录 ··· **117**

附录一　化工原理实验基础数据 ·· 117

附表 1-1　干空气的物理性质 ··· 117

附表 1-2　水的物理性质 ··· 117

附表 1-3　丙酮饱和蒸气压与温度的关系 ·· 118

附表 1-4　丙酮-水溶液的平衡分压 ·· 119

附表 1-5　丙酮在空气中的极限含量 ·· 119

附表 1-6　氨气的性质 ··· 119

附表 1-7　乙醇-水的汽液平衡组成 ·· 119

附表 1-8　常压下乙醇-水系统汽液平衡数据 ··· 120

附表 1-9　不同温度下乙醇-水溶液的密度与质量分数的关系 ························ 120

附表 1-10　文氏管流量计压差计示值与流量的换算关系 ····························· 121

附录二　化工原理实验常用工具/量具、材料与管件/阀门 ································ 122

附表 2-1　常用工具/量具 ·· 122

附表 2-2　常用材料 ·· 123

附表 2-3　常用管件/阀门 ·· 124

附录三　化工原理实验学生守则 ·· 125

附录四　化工原理实验安全操作规程 ··· 126

参考文献 ·· **128**

第一章　绪　论

一、概述

化工原理实验是化工类专业学生必修的实践性教学课程，是培养学生理论联系实际和实践动手能力的重要教学环节。化工原理实验不同于其他基础课程的实验，它属于工程实验的范畴。工程实验与基础课程实验的不同之处在于以下几方面。

（1）工程实验常常涉及复杂、有普遍意义的实际工程问题，而基础课程实验所涉及的则常是简单、基本的，有时甚至是理想的，与生产实践有较大距离的基础科学问题。

（2）基础课程实验采用的方法，常常是经验的、理论的、严密的和精细的，通常以基础科学的基本原理、基本定理与定律为依据；而工程实验采用的方法则常常是模拟的、抽象的、千变万化的，通常以数学模型法和量纲分析法为依据。

（3）基础课程实验的主要目的在于验证已学的理论，内容较为单一；而工程实验的主要目的则在于学习分析和解决生产实际问题的方法和手段，实验内容复杂，常常涉及机械设备、数据测量、计量控制、分析与操作等各方面知识，综合要求较高。

（4）基础课程实验采用的实验装置，通常都是用精密的、与实际生产装置完全不同的通用小型实验仪器与设备来完成；而工程实验则基本上都是采用模拟的、与实际生产装置相类似的、有一定规模的专用实验设备来完成。

（5）基础课程实验的内容简单、目的明确，所以占用的时间少，需记录、整理的数据也少，对实验结果有影响的因素不多，且对实验装置的流程与操作无过高的要求；而工程实验常常涉及范围广、内容复杂、实验过程中的变化多，所以占用时间长，需记录、整理的数据量大，对实验结果的影响因素复杂，不仅与实验方法、使用的物料有关，而且与实验装置的结构、流程、操作程序及控制条件等因素均有关。

通过化工原理实验，可以学习到一般工程实验的基本操作，了解各类操作参数的变化对化工过程带来的影响，熟悉化工单元操作中各种非正常操作现象产生的原因及处理方法，培养学生分析和解决实际工程问题的能力。

二、化工原理实验教学目的

化工原理实验教学的目的主要有以下几点。

（1）加深对基本概念、基本理论的理解。通过化工原理实验，可以使学生对基本概念、基本理论的理解更进一步，对公式中各种参数的来源及使用范围有更深入的认识。

（2）帮助学生掌握处理化工单元操作过程相关工程问题的实验方法，掌握用所学理论知识分析和解决实际工程问题的基本方法，了解化工单元过程的基本操作方法，了解化工单元操作的工艺流程与设备装置。

（3）培养合理设计实验方案、解决实验问题的能力，以及组织工程实验与数据处理能力。

（4）培养学生实事求是、严肃认真的学习态度以及科学的思维方法，增强工程意识，提高自身素质水平。

三、化工原理实验教学要求

为了达到化工原理实验的目的，让每一个实验者在实验过程中始终保持"严肃的态度、严密的作风"，必须做到以下几点。

（1）认真听好实验课，认真阅读实验指导书和有关参考资料，了解实验的目的和要求。

（2）认真做好实验的预习工作。实验的预习主要是对照实验指导书（必要时还需到实验室的现场）完成以下几方面的工作：

① 弄清实验原理；

② 摸清实验流程；

③ 了解实验装置（包括装置类型、规格型号、结构特点、主要用途及操作方法）；

④ 了解实验的测试点及其位置；

⑤ 了解实验操作控制点与控制要求；

⑥ 了解实验过程中所使用的检测仪器、仪表与使用方法；

⑦ 了解实验的操作要点与注意事项。

（3）认真做好实验的组织与安排工作。在实验之前一周，根据指导老师的安排完成实验的组织与安排工作。其主要内容有：

① 分组（实验小组的人数以 3～4 人为宜），并选出实验小组长；

② 拟定小组的具体实验方案，包括实验方案的设计、实验操作的人员分工、实验数据记录的具体安排、完成实验操作的具体步骤、数据的检查与分析及实验准备工作的落实；

③ 确定实验的具体日期与时间，以及各小组的轮换顺序等。

（4）认真写好实验预习报告。

（5）精心完成实验操作，包括：

① 切实按照实验小组预先制定的实验方案与步骤完成实验操作；

② 认真细致地记录好实验原始数据；

③ 认真观察和分析实验过程中的各种操作因素对实验结果的影响；

④ 积极运用所学理论知识，了解实验操作控制的基本原理，处理实验过程中可能出现的各种设备与操作故障等。

（6）精心处理好实验数据。如果用计算机处理实验数据，还必须给出一组手算示例。

（7）认真写好实验报告。撰写实验报告是实验教学的重要组成部分，也是培养学生独立思考、分析和解决生产实际问题能力的重要手段。独立完成实验报告是最基本的要求。

四、化工原理实验教学内容

化工原理实验教学内容主要由化工原理实验理论、计算机仿真实验和操作实验三部分组成。

1. 实验理论

化工原理实验理论主要介绍化工原理实验的基本特点和要求、实验研究的方法论、实验数据误差分析及处理方法、实验数据测量技术等内容。

2. 计算机仿真实验

化工原理计算机仿真实验涵盖的基本内容如表 1-1 所示。仿真实验的目的是通过计算机模拟操作，使学生对化工单元操作方法有一定的感性认识，同时对影响化工单元操作的基本因素和规律有初步了解和理性认识，为化工装置和设备的实际操作及调节控制提供模拟训练手段。因此，化工原理仿真实验必须开设于化工原理操作实验前。

表 1-1　化工原理计算机仿真实验内容

序号	实 验 内 容	序号	实 验 内 容
1	离心泵特性曲线测定	6	乙醇-水体系的精馏实验
2	流量计的认识和校验	7	乙醇-丙醇体系的精馏实验
3	流体阻力系数测定	8	填料吸收塔的流体力学性能测定实验
4	板框过滤实验	9	清水吸收混合空气中氨的传质性能测定实验
5	空气-蒸汽/水-蒸汽系统的传热实验	10	干燥实验

3. 操作实验

化工原理操作实验涵盖的基本内容如表 1-2 所示。操作实验又分基本操作实验和提高性操作实验，基本操作实验主要涉及化工原理理论课中讲述的典型和常用基本单元操作内容，要求学生熟练掌握这些单元操作的原理、方法和过程调控措施，提高性操作实验则涉及化工原理理论课中部分选修或自学内容以及一些新型单元操作技术，主要是培养学生独立开展科学研究工作的能力、创新能力及专业知识综合运用能力。

表 1-2　化工原理操作实验内容

性质	序号	实 验 内 容
基本实验	1	流体力学综合测定实验 (1)流体阻力的测定 (2)流量测定与流量计校核 (3)离心泵特性曲线的测定
	2	恒压过滤常数测定实验
	3	传热系数测定实验
	4	筛板精馏塔全回流操作及塔板效率测定实验
	5	填料吸收塔吸收系数测定实验
	6	干燥速率曲线测定实验
提高实验	1	固体流态化实验
	2	填料吸收塔流体力学和传质性能综合测定实验 (1)填料吸收塔流体力学性能的测定 (2)填料吸收塔传质单元高度的测定 (3)填料塔中液相轴向混合特性的测定 (4)填料塔中填料持液量的测定
	3	板式精馏塔部分回流操作及塔板效率测定实验
	4	转盘萃取塔操作与传质单元高度测定实验
	5	降膜式薄膜蒸发实验
	6	动力波吸收操作与吸收效率测定实验
	7	中药中挥发性有效成分的超临界流体萃取实验
	8	鱼油中 DHA 和 EPA 的分子蒸馏提取实验

五、化工原理实验报告编写

化工原理实验不同于一般基础课实验，其实验原理、设备装置、操作程序、数据处理，以及过程分析等，都比一般基础课实验要复杂得多。因此，要真正做好化工原理实验，并达到预期的实验效果，在正式做实验之前必须写出实验的预习报告，在实验做完之后，必须认真写好实验正式报告。实验操作的目的主要是培养实际动手能力，而撰写实验报告的主要目的则是培养分析和解决实际工程问题的能力。

1. 预习报告编写

实验预习报告主要包括以下内容。

（1）实验目的：指通过实验应达到的基本教学目标。

（2）实验原理：包括实验的流程原理、设备原理和操作原理。

（3）实验流程：根据实验指导老师的要求，设计并绘制该实验（或实验室现有）的实验装置流程框图。

（4）实验操作步骤：根据实验要求，写出完成该实验的详细操作步骤和注意事项，以及实验小组安排的详细实验操作分工情况。

（5）原始数据记录表：根据实验要求，自己动手设计一个用于记录实验原始数据的记录表。

2. 正式报告编写

实验的正式报告是对所做实验的总结。通过实验报告，对在实验操作过程中出现的各种实际工程问题进行分析和讨论，可以帮助学生学习分析和解决实际工程问题的方法，培养分析和解决实际工程问题的能力。撰写实验报告，是化工原理实验的重要组成部分。

实验正式报告主要包括以下内容。

（1）实验目的、实验原理（同预习报告）；

（2）实验流程：根据实验室的现有装置的实际流程绘制出正规的、带控制点的工艺流程图；

（3）实验操作步骤与实验操作现象记录：根据实验操作的体会记录实验操作实际情况和步骤，并简要地记述所观察到的实验现象；

（4）原始数据记录表：指由自己设计的、在实验过程中用来记录实验数据的和未经整理的原始表格；

（5）数据整理：对所记录的原始实验数据进行数学处理的过程及结果（含各种图、表、曲线和计算机程序）；

（6）实验结果分析与问题讨论：运用所学的理论知识，对实验的结果进行分析和讨论，尤其是对各种非正常操作现象与事故的分析与讨论，应力求全面、深入、细致、准确，使论点明确、论据充分，还可以提供利用现有实验装置，完成其他新内容实验项目的设想与构思（必须阐明其原理）。

3. 报告编写的其他要求

在编写实验预习报告或正式报告时，还应注意以下几点：

（1）文字简洁、字迹工整、叙述清楚、文理通顺、图表清晰、内容完整；

（2）所有物理量都必须采用法定单位；

（3）报告中所有计算公式都必须注明来源，所有引用的资料都必须提供出处；

（4）实验预习报告应配置封面，并写明所在系、专业、班级、学号、姓名，以及实验名称、试验时间、指导老师与同组人姓名等内容；

（5）必须附实验的原始数据记录表（原始记录必须有指导老师的签字方有效），实验报告应在实验结束后一周内送到实验室。

思 考 题

1. 化工原理实验与基础课程实验有哪些不同之处？
2. 化工原理实验的教学目的是什么？
3. 化工原理实验包括哪些内容？
4. 化工原理实验的全过程应包括哪些环节？
5. 怎样才能做好化工原理实验？

第二章　工程实验基础

第一节　工程实验的基本方法

针对工程实验的特殊性，必须采用有效的工程实验方法。化工原理实验课程在长期的发展过程中，形成了一系列的实验方法理论。数学模型法与量纲分析论指导下的实验研究方法是研究工程问题的两个基本方法。这两种方法都可以非常成功地使实验研究结果由小见大、由此及彼地应用于实际生产中的大型设备的设计上。

一、数学模型法

数学模型法是在对过程有充分认识的基础上，对过程作高度的概括，归纳为简单而不失真的物理模型，然后给予数学上的描述，明确各参数的物理意义。数学模型法实际上就是一种解决工程问题的实验规划方法。用数学模型法处理工程问题，同样离不开实验。因为这种模型是基于对事物过程本质的深入理论分析并作出适当简化而得到的，其合理性还需要经过实验的检验。同时，引入的常数项须由实验来测定。一般情况下，将复杂的工程问题归纳为数学模型的方法和步骤为：

（1）通过预备实验认识过程，找出过程的主要影响因素，并将其归纳、总结、设想为简化物理模型；

（2）根据物理模型建立数学模型；

（3）通过实验确定模型参数、检验并修正模型。

下面以流体通过颗粒层流动的实例来说明这一方法的实际应用。

1. 数学模型的建立

流体通过颗粒层的流动，就其流动过程本身来说并没有什么特殊性，问题的复杂性在于流体通道所呈现的不规则几何形状。由于构成颗粒层的基本颗粒，不仅几何形状是不规则的，而且其颗粒大小、表面粗糙程度都是不均匀的，导致这类工程问题的处理就不可能采用严格的流体力学方法，必须寻求简化的工程处理方法。寻求简化途径的基本思路是研究过程的特殊性，并充分利用这一特殊性作出有效的简化。流体通过颗粒层流动的工程背景是过滤操作。在正常过滤时，滤液通过滤饼的流动是非常缓慢的，此时流体流动阻力主要来自流体的黏性力，阻力的大小与流体接触的表面积及流体在颗粒间的真实流速有关。因此，可以抓住"流动速率极为缓慢"这一特殊性，对流动过程作出简化。可以设想：

（1）流动阻力主要来自于流体与流道的表面摩擦，而与流道形状的关系甚微；

（2）流体阻力与总表面积成正比；

（3）流道的简化物理模型为许多平行排列的均匀细管组成的管束；

(4) 流道的总表面积等于颗粒的总表面积;

(5) 流体的全部流道空间等于颗粒床层的空隙容积。

设流道的当量直径为 d_e,当量长度为 L_e,流道截面积为 A,润湿周边长为 C。颗粒床层的体积为 V,厚度为 L,空隙率为 ε,颗粒的比表面积为 a,则根据当量直径的定义可导出:

$$d_e = 4 \times \frac{\text{流道截面积 } A}{\text{润湿周边长 } C} \tag{2-1a}$$

若分子、分母同乘以流道长度,则上式变为:

$$d_e = 4 \times \frac{\text{流道容积 } AL_e}{\text{流道表面积 } CL_e} \tag{2-1b}$$

假设细管的全部流道空间(容积)等于床层的空隙体积,则:

$$\text{流道容积} = \text{床层体积 } V \times \text{空隙率 } \varepsilon \tag{2-1c}$$

若忽略床层因颗粒相互接触而彼此覆盖的表面积,则:

$$\text{流道表面积} = \text{颗粒体积 } V(1-\varepsilon) \times \text{颗粒比表面积 } a \tag{2-1d}$$

所以,床层的当量直径为:

$$d_e = 4 \frac{V\varepsilon}{V(1-\varepsilon)a} = \frac{4\varepsilon}{(1-\varepsilon)a} \tag{2-2}$$

根据流体力学理论和简化模型可知,流体通过颗粒层的压降相当于流体通过一组当量直径为 d_e、当量长度为 L_e 的细管的压降,即:

$$\Delta p_f = \lambda \frac{L_e}{d_e} \times \frac{\rho u_1^2}{2} \tag{2-3}$$

式中 L_e——模型床层高度,m;

u_1——流体通过模型细管的流速,m/s;

λ——流体通过细管的摩擦阻力系数,无量纲。

模型床层高度与颗粒床层高度 L 一般并不相等,但应有下述关系:$L_e = kL$。式中 k 为某一待定系数。因此,u_1 与按整个床层截面计算的空床流速 u 的关系为:

$$u_1 = k \frac{u}{\varepsilon} \tag{2-4}$$

将式(2-4)代入式(2-3)得:

$$\Delta p_f = \lambda \frac{k^3 L}{d_e} \times \frac{\rho u^2}{2\varepsilon^2} \tag{2-5}$$

再将式(2-2)代入得:

$$\Delta p_f = \lambda \frac{k^3 L}{8} \times \frac{(1-\varepsilon)a}{\varepsilon^3} \rho u^2 \tag{2-6}$$

即:

$$\frac{\Delta p_f}{L} = \lambda \frac{k^3}{8} \times \frac{(1-\varepsilon)a}{\varepsilon^3} \rho u^2 \tag{2-7}$$

再设 $\lambda' = \lambda k^3/8$,则可得:

$$\frac{\Delta p_f}{L} = \lambda' \frac{(1-\varepsilon)a}{\varepsilon^3} \rho u^2 \tag{2-8}$$

式(2-8)即为流体通过颗粒层压降的数学模型,其中保留了待定系数 λ'。λ' 亦称为模型参数，其物理意义为固定床的流动摩擦系数。获得了数学模型，尚需进一步描述颗粒的总表面积，才有可能投入使用。其可能的处理方法是：①根据几何面积相等的原则，确定非球形颗粒的当量直径；②根据总面积相等的原则，确定非均匀颗粒的平均直径。

上述理论分析是建立在流体力学的一般知识和对实际过程——爬流的深刻认识基础上的，也就是建立在理论的一般性和过程的特殊性相结合的基础上的。这是对大多数复杂工程问题处理方法的共同特点。尽管如此，该处理方法仍然还是近似的、抽象的，能否真实地描述实际过程，还需经过模拟实验的检验与修正。

2. 数学模型的检验与模型参数的确定

如果上述理论分析与推导是严格准确的，案例就可以用伯努利方程作出定量的描述，不必再进行实验验证。但事实并非如此，因为在理论分析和推导中就已经清楚地估计到了对过程的简化和模型的建立带来的各种误差所造成的与实际情况的差距，而留下了一个待定系数 λ'。λ' 与 Re 的关系必须通过模拟实验才能确定。如果所有的实验结果归纳出了统一的流动摩擦系数 λ' 与 Re 的关系，就可以认为所做的理论分析和模型构思得到了实验的检验。否则，就必须对模型进行若干修正后，再进行实验的检验。康采尼（Kozeny）对此进行了实验研究，他发现在流速较低时，在床层雷诺数 $Re' < 2$ 的情况下，实验数据能较好地符合下式：

$$\lambda' = \frac{K}{Re'} \tag{2-9}$$

式中，K 为康采尼常数，其值为 5.0。Re' 可由下式计算：

$$Re' = \frac{d_e u_1 \rho}{4\mu} = \frac{\rho u}{a(1-\epsilon)\mu} \tag{2-10}$$

对各种不同的床层，康采尼常数 K' 的颗粒误差不超过 10%，这说明上述简化模型确实是实际过程的合理简化。当我们用模拟实验来确定模型参数 λ' 时，实际上也就是对简化模型的一种检验。

二、量纲分析法

量纲分析法可以不需要对过程的充分了解，甚至可以不采用真实物料，真实流体和实际的设备尺寸，仅借助于模拟物料（如空气、水、砂等），在实验室规模的小型设备上，经过一些预备性实验或理论上的分析找出一些过程的影响因素，根据物理方程的量纲一致性原则和 π 定律归纳、概括为有实验依据的经验方程。量纲分析法是建立在对物理量量纲的正确分析基础上的。要掌握好量纲分析法，就必须了解物理量的量纲及相互间的关系。

1. 物理量的量纲与无量纲数

物理量的单位可分为基本单位与导出单位两大类型。SI 制所规定的基本物理量单位有七个。按其所描述对象的不同，又可分为长度、质量、时间、温度、物质的量、发光强度、电流强度七种不同的单位种类。我们将基本物理量单位的种类称为物理量的基本量纲。同一种类的物理量单位，不论单位的大小、单位制，其量纲都是相同的。在化学工程中常用物理量的基本量纲只有长度、质量、时间和温度，分别以 L、M、θ、T 来表示。同理，导出单位的相应量纲称为导出量纲。导出量纲是由基本量纲经公式推导而得到的，是由基本量纲组成的。通常可以把它表示为基本量纲的幂指数的乘积形式。如果一个物理量所有基本量纲的幂指数均为零，其量纲表达为"1"，这种物理量称为无量纲数。一个无量纲数可以由几个有量纲数的乘除组合而成，只要组合的结果能使各基本量纲的指数为零即可。

2. 物理方程的量纲一致性原则

不同种类的物理量不能相加减，不能列等式，也不能比较它们的大小。反之，对于能够加减、列等式的物理量，其单位必属于同一种类，即应具有相同的量纲。也就是说，一个物理量方程只要它是根据基本原理通过数学推导而得到的，在方程两边各项的量纲必然是一致的，这就是物理方程的量纲一致性（或均匀性）原则。物理方程的量纲一致性原则是量纲分析法的理论基础。但这一原则不适用于那些没有理论原则作指导，仅根据实际观察所总结出来的经验或半经验公式。不过应当指出，任何经验公式只要引入一个有量纲的常数，也可以使它成为量纲一致的物理方程。

3. 白金汉（Buckingham）π 定律

若影响某一个物理过程的物理变量有 n 个，即：

$$f(x_1, x_2, x_3, \cdots, x_n)=0 \tag{2-11}$$

设这些物理变量中有 m 个基本量纲，则该过程可用 $(n-m)$ 个无量纲数所表示的关系式来描述，即：

$$F(\pi_1, \pi_2, \pi_3, \cdots, \pi_i)=0 \tag{2-12}$$

π 定律可以从数学上得到证明（此处从略），它的基本含义是：任何量纲一致的物理方程都可以表示为一组无量纲数群的函数，且无量纲数群的数目 i 等于影响该现象的物理量的总数 n 减去用以表示这些物理量的基本量纲的数目 m，即 $i=n-m$。

4. 量纲分析法

利用 π 定律对研究对象进行量纲分析的基本方法及步骤，大致如下：

（1）通过预备实验，确定对所研究的对象有影响的独立变量，并写出其相应的函数表达式：

$$f(x_1, x_2, x_3, \cdots, x_n)=0 \tag{2-13}$$

（2）写出各变量的基本量纲表达式，并确定基本量纲的数目 m。

（3）从 n 个变量中选出 m 个变量作为基本变量，条件是它们的量纲应能包括 n 个变量涉及的所有基本量纲，并且它们是相互独立的（即一个不能从另外几个导出）。

（4）根据 π 定律，写出用 $n-m$ 个无量纲数：

$$\pi_i=x_i x_1^a x_2^b \cdots x_m^c \tag{2-14}$$

式中，x_1、x_2、$\cdots$、x_m 为选定的基本变量；x_i 为除去基本变量之后余下的 $(n-m)$ 个变量中的任何一个；a、b、$\cdots$、c 为待定指数。

（5）将各变量的量纲代入无量纲数表达式，依照量纲一致性原理，列出各无量纲数的关于其基本量纲的指数的线性方程，可求出各无量纲数群的具体表达式。

（6）将原关系式改成 $(n-m)$ 个无量纲数之间，含有待定系数的函数关系表达式：

$$F(\pi_1, \pi_2, \cdots, \pi_i)=0 \tag{2-15}$$

（7）根据函数 F 的无量纲数表达式组织模拟实验，以确定表达式中待定系数的值及原函数 f 的具体关系式。

由此可见，利用量纲分析可将 n 个变量之间的关系转变为 $(n-m)$ 个无量纲数之间的关系。在通过实验处理工程实际问题时，不但可以使实验变量的数目减少，大幅度降低实验工作量，还可以通过变量之间关系的改变使原来难以进行的实验得以容易实现。

常用的量纲分析法有雷莱（Lord Rylegh）指数法和白金汉法两种，前者用于仅用较少的无量纲数群即可表示的简单过程，后者则主要用于须用较多的无量纲数群才能表示的复杂过程。雷莱（Lord Rylegh）指数法可参考化工原理教材中的有关章节部分。

三、工程实验的组织

组织工程实验的目的，常见的有以下几种类型：

（1）为工程设计项目提供准确、可靠的实验数据；

（2）模拟实际生产过程，优化操作控制参数，取得最佳的工艺控制指标；

（3）模拟实际生产过程，探讨解决实际生产问题的可行方案；

（4）对小试结果进行工程放大（中试），为工业化生产提供更为可靠的实验数据；

（5）为从理论上研究和描述化工生产过程，或检验理论研究成果的可靠性；

（6）根据专业教学的要求，提供实际操作的机会，以培养学生的动手能力及分析和解决实际问题的能力。

前三种类型是实际生产的需要，（4）与（5）是科研的需要，最后一种类型则完全是教学的需要。

工程实验的组织包括以下内容。

（1）实验方案的设计：①根据实验目的，确定实验的基本原理，并分析其可行性；②根据实验室条件，设计可行的实验方案；③实验方案的比较与优化。

（2）实验装置与流程的设计：①确定实验装置与流程；②确定控制点与操作控制指标；③选择合适的测量仪表与检测方法。

（3）实验所需材料的准备：包括实验所需的材料、原料与实验设备、仪器仪表与零配件等。

（4）实验设备的制作、安装与调试。

（5）实验操作计划的制订。

工程实验的组织工作是比较复杂的，尤其是包括较多单元操作过程的大型工程实验的组织工作则更是如此。它不仅需要扎实的本专业理论知识，而且还可能涉及机械、电气工程、自动控制等其他专业理论知识，以及丰富的工程实践经验。化工类的工程实验，常常以化工单元操作过程为对象，研究在实际化工生产过程中常见的传质、传热、流体流动及反应器理论等各类工程问题。

化工原理实验主要是以教学为目的，以化工单元操作过程为研究对象。所采用的实验设备基本上都是定型设备。实验的流程、装置与测量仪表等都已经确定，所以这一类实验的组织任务，主要是根据已有的实验设备，选择和确定合适的实验方案，即主要是进行实验方案的设计。在一套实验装置上，常常可以完成多项实验课题。例如，在离心泵特性曲线的实验装置上不仅可以做单台离心泵的特性曲线实验，也可以将两套独立的实验装置联合起来做离心泵的并、串联特性曲线实验。稍作改进，还可以做管路特性曲线的测定实验。同样，在传热实验装置上，不仅可以做总传热系数的测定实验，也可以做管内给热系数的测定实验，还可以做传热效率测定实验，保温材料的热导率测定实验等。如何充分利用现有的实验装置，设计最好的实验方案，开发出更多的实验项目，充实更多的实验内容，以取得更好的实验效果是化工原理实验组织工作的主要目标。

现以热导率的测定为例，简单说明一下实验方案的设计程序。

1. 实验原理

对于单层圆管的热导率方程为：

$$Q = 2\pi L\lambda \frac{t_1 - t_2}{\ln(r_2/r_1)} \tag{2-16}$$

式中　Q——圆管壁面导热速率，W；

　　　L——圆管长度，m；

　　　λ——圆管壁面热导率，W/(m·℃)；

　　t_1、t_2——圆管壁面内、外侧温度，℃；

　　r_1、r_2——圆管壁面内、外对应的半径，m。

式中，L、t_1、t_2、r_1、r_2 等参数都是可以直接测定的数据，如果能确定 Q 值，则 λ 就可以由式(2-16) 求得。Q 值的确定有两种方法可供选择。

(1) 采用一种 λ 值已知的保温材料在管外保温，在一定实验条件下，直接利用式(2-16) 测定单位管长的 Q 值；

(2) 利用管内流体，由对流传热速率方程 $Q = \alpha S(T - t_w)$ 求取 Q 值。式中，α 为圆管外壁对流传热系数，W/(m²·℃)；S 为圆管外壁面积，m²；T 为圆管外壁环境（流体）温度，℃；t_w 为圆管外壁温度，℃。

如果采用第一种方法，则需要借助于一种 λ 值已知的且在实验室便于施工使用的保温材料。采用第二种方法，则需要测定管内流体的给热系数 α。究竟采用哪一种方法，应根据现有实验条件来确定。

2. 实验方案的确定

采用第一种方法的关键是找到一种已知热导率的保温材料，而第二种方法的关键是测定管内流体的给热系数。两者比较，采用后者更为合适。因为实验室现有的传热实验装置已经具备测定管内流体的给热系数的全部条件，不必再增添或修改实验设备，也不必去寻找其他辅助实验材料。因此，可以确定采用第二种方法进行试验。其具体实验方案便可以根据第二种方法的要求来进行如下安排。

(1) 在现有套管换热器的套管外侧包裹一层一定长度、厚度和待测保温材料构成的均匀保温层。

(2) 在待测保温层的内外两侧安装测温装置（内侧可用热电偶，外侧可用表面温度计直接测定）。

(3) 具体测定步骤：

① 利用现有装置测定套管换热器夹套内蒸汽的给热系数 α；

② 测定套管管内蒸汽温度 T 和套管外壁壁面温度 t_w 以及套管给热面积 S；

③ 由式 $Q=\alpha S(T-t_w)$ 求取 Q 值；

④ 取保温层内侧温度 $t_1=t_w$，并测定保温层外侧温度 t_2；

⑤ 设已知的保温层厚度为 b，长度为 L，$r_1=R_0$（R_0 为套管外径），$r_2=r_1+b$；

⑥ 由式(2-16)求取 λ 值，即

$$\lambda=\frac{Q\ln(r_2/r_1)}{2\pi L(t_1-t_2)} \tag{2-17}$$

当然，对于热导率的测定目前已有更为精确的实验测定方法。采用上述方法来测定保温材料的热导率是比较粗糙的，这里仅用以说明实验方案的设计程序。

确定了实验方案，下一步就是要制定详细的实验操作计划，做好实验的准备工作，最后才能进入实验操作阶段。制订一个理想的、切实可行的实验方案，是高质量完成工程实验的基础，精心制定实验操作计划、做好实验的准备工作是完成工程实验的保证，只有按预定实验设计精心进行实验操作才有可能达到工程实验的预期目的，取得最佳的实验效果。

第二节 实验数据测定常用方法及仪表简介

在化工生产和科学实验中，常有许多的数据及信息需要通过各种仪表反映出来，用以判断设备或工艺运行状况是否正常，并通过这些数据信息来及时调节相应的操作，达到优化运行目的。因此，测量仪器（表）在工程数据的获取中占有十分重要的地位，起着监视设备及工艺运行状态的"眼睛"作用。

实践表明，在化工过程中使用的测量仪表品种虽多，所测参数及仪表的结构原理亦不相同，但从实质上说，测量过程都是将被测参数进行一次或多次的信号形式转换，最后获得便于用仪表指针位移或数字形式反映出来的测量信号。化工生产及科学实验中，使用得较多的测量仪表主要有压力、流量、温度和组成四大类，以下予以分别简介。

一、压力测量

1. 压力测量仪表简介

测量压力的仪表按其转换原理不同可分为以下四类。

（1）液柱式压力计　液柱式压力计是根据流体静力学原理，把测定压力转换成液柱高度而实现测压的。利用这种原理测量压力的仪表主要有：单/复式 U 形压差计、单/斜管压差计、微压差计等。这类仪表常用于气体、液体在压强不太高时正压、负压（真空）的测定，使用方法简单，反映较直观。

（2）弹性式压强计　弹性式压强计是根据弹性元件受力变形的原理，将被测压力转换成位移的方法来进行测量的。常用的弹性元件主要有：单/多圈弹簧管（波登管）、单/双弹性膜片及弹性波纹管等。在实验室中，使用最多的是单圈弹簧管压力表。根据测量介质的不同，常有普通型、氨、氢、乙炔、氧压力表等。这类压力表所测得的压强为表压（或真空度），在数据处理中应注意与绝对压强的关系，其测量范围较广，可用来测量几百帕到数千兆帕的压力。

（3）电气式压力计 电气式压力计是通过机械和电气元件将压力变化转换成电压、电阻、电压或频率等电信号进行间接测压的。电气式压力计一般由压力传感器、测量电路和信号处理装置组成，其反应较快，易于远传送，特别适应于有脉动或变化的高真空（<10^{-2}mmHg，1mmHg=133.322Pa）或超高压（≥10^2MPa）场合，在实验室中常用的电接点式压力计即属于此类。常用的压力传感器有霍尔片式压力变换器、应变片式压力变换器、压阻式压力变换器、力矩平衡式压力变换器、电容式压力变换器。

（4）活塞式压力计（标准压力计） 活塞式压力计是根据水压机液体传递压力的原理，将被测压力转换成活塞面积上所加平衡砝码的重量进行测压的。活塞式压力计测量精度很高，允许误差可小到0.05%～0.02%，它普遍当作标准测压计来校验其他各类压力计。

2. 压力表的使用及安装注意事项

（1）仪表类型必须满足工艺要求 如传输距离、被测介质的理化性质（腐蚀、湿度、温度、黏度、污脏程度、易燃易爆等）、现场环境条件（振动、电磁场、高温等）均应予以考虑，以选择适当形式的测压计。

（2）仪表量程范围应当适当 测压时，为了避免压力计超负荷运行和设备人身安全事故的发生，压力计的上限值应高于工艺中可能出现的最大值。对弹性式压力计，一般规定压力计的上限值应为被测压的（3/2～4/3）倍，同时为了提高数据的准确、可靠性亦规定被测压力的最小值，一般不低于仪表全量程的1/3。

（3）仪表精度选用 仪表的精度选取应由工艺生产和科研实验所允许的最大测量误差来确定。考虑到仪表价格及操作维护管理等因素，一般提倡在满足工艺要求的前提下仪表精度不宜过高。

（4）仪表的安装 主要应正确选取测压点，如保证适当的稳定段长度及测压孔的开孔大小，当测压点与仪表不同一水平时，应考虑静压的影响。此外还应有防湿、防腐、防冻、防堵、防震及便于维修的切断阀等措施。同时应注意使导压管不宜过长或过粗，以提高反应灵敏度，减小阻力和避免导压管内环流干扰等因素，并保证导压管内无阻塞及泄漏现象以消除测量误差。

二、流量测量

（一）流量测量仪表简介

化工生产中所使用的流量测量仪表就其测量原理不同，大致可分为以下几类流量计。

1. 以流体力学为原理的经典流量计

这类仪表是根据流体力学伯努利方程原理设计而成的。常见的有用于管道流量测定的孔板式、文丘里式及喷嘴式流量计、转子流量计及皮托管点速计；用于明沟流量（流速）测量的帕歇尔槽、三角堰等。通常根据测量时压降的变化规律将孔板和文丘里流量计称为变压差式，而转子流量计称为定（恒）压差式。这类仪表的共同特点是结构简单，维修较方便。对于孔板和文丘里流量计而言，选用安装时主要应考虑流体机械能损失及孔板导角的安装方向（与文丘里流量计的扩大收缩管安装方法相同，即大口孔径一侧对准上游来流，小口孔径一侧在来流的下游）及中心孔与管道的同轴度、稳定管段长度等问题。对于转子流量计，则主要考虑介质腐蚀性引起的转子材质变化及介质密度所导致的转子流量计刻度校核及安装垂直度等问题。对压强较高或大流量的场合，转子流量计不太适合。

皮托管测速仪主要是用于点速测量,但在许多情况下(如测量准确度要求不高,管道直径很大或明沟等情况下),也常用于统计性平均流量测定,如河流流量监测,烟囱排气监测等。此时由于测点布置所导致的测量误差较大,常在10%~15%左右。

帕歇尔槽或三角堰流量计主要用于明渠流量的测定。其原理仍是利用流体流过特定的水槽或堰口时,气流速与水槽(堰)深度所存在的对应关系而进行流量测量的。有关其详细论述及使用方法可参阅水力学专著。

值得指出的是:上述几种流量(流速)仪既可作为一次仪表单独使用,亦可在远距离传输特殊场合下加上二次仪器实现电信号转换,以供显示记录和调节。这类流量计所配的二次仪表主要有气动或电动差压变送器和动圈记录仪、数据处理机等,且已被广泛采用。

2. 体积式(质量式)流量计

(1)椭圆齿轮流量计 椭圆齿轮流量计是一种容积式流量计,如图2-1所示。它由一对椭圆状互相啮合的齿轮和壳体组成,目前已在化工生产部门中应用,特别适用于测量高黏度流体的流量。其结构和作用原理类似于齿轮计量泵的工作原理。因此,只要根据椭圆齿轮的转动频率及空腔容积(及流量计的有效容积),即可测得流体的体积流量,这类流量计易于实现远传,但使用时应注意流体中必须无固体颗粒,以防齿轮磨损及阻碍(卡死)。为此,一般需要在流量计前加过滤器,同样原因在流体温度变化范围较大时亦不宜使用。

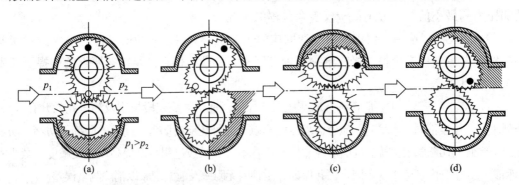

图 2-1 椭圆齿轮流量计工作原理

(2)湿式气体流量计 湿式气体流量计结构如图2-2所示,其外部为一圆筒形外壳,内部为一分成四室的转子。利用气体的推力,使气体从转鼓的轴中心进入,进而推动转鼓轴转动,使其转动一圈就排出四个固定体积的气体,并通过齿轮机械用指针或机械计数器

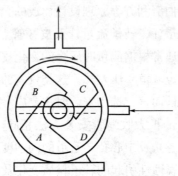

图 2-2 湿式气体流量计

计数，实现气体体积（累积流量）测量。这种流量计在测定气体体积总量时，准确度很高，特别适宜于小流量的测量，误差小，常被当作校验其流量计的标准仪器。

使用时，湿式气体流量计中四个气室的有效容积是由预先注入其中的水位控制的，必须达到指定刻度，并要求仪器在安装时必须保持水平，以保证流量计有较好的灵敏性。

（3）质量流量计　由于体积式流量计所测得的流量易受流体的压强、温度、组成及相变等因素影响，给实际生产带来诸多不便，因此，质量流量的测量及质量流量计的使用成为必要且应用愈来愈广。

质量式流量计是利用测量流体动量的原理设计而成的，当管路的截面积一定时，流体的质量流量与流体的动量成正比。根据这一原理，只要测定流体流过该管路时的动量及相应的体积流速，运用简单的电路运算（动量×管道面积/体积流速），即可将测得的流量以质量流量的形式反映出来。

3. 其他新型流量计

（1）涡轮流量计　涡轮流量计是一种速度式流量计，其测量精度较高（可达0.5%），结构如图2-3所示。主要由涡轮流量变送器和显示仪表组成，涡轮装于管道内，其中心轴线与管道中心线重合，当流体通过时冲击涡轮叶片使之旋转。在一定的流量范围和一定的流体黏度下，涡轮转速与流速成正比，涡轮转动时，其叶片（导磁材料制成）切割紧置于管壁外侧的检测线圈所产生的磁力线，周期性地改变了线圈所在电路上的磁通量，从而产生了与流量成正比的脉冲电信号，该信号经放大后即可远距离输送至显示仪表。为了保证测量精度，涡轮流量计安装时应水平放置，要求在涡轮前后各有不小于10倍和5倍管径的直管稳定段，同时为了避免在涡轮处堵塞及涡轮叶片卡死，应在其前设过滤器（网）。

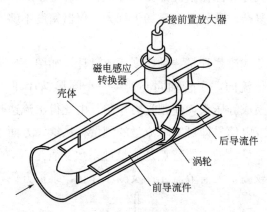

图 2-3　涡轮流量计

一般地，涡轮流量计的显示仪表主要有两种，一种是涡轮流量积算指示仪，当采用这种显示仪时，由于其数码显示的阶跃性，为了减少测量误差，应当先确定被测流体的体积再测所需的时间（即体积-时间法）。另一种显示仪是XJP-10转速数字显示仪，目前这类显示仪使用较广。使用这种显示仪时，应注意对应于不同编号的涡轮流量计，其流量转换系数参数不同，该值一般在生产厂由实验确定后提供给用户，不能相互套用。

（2）电磁式和超声波式流量计　电磁式流量计如图2-4所示，其工作原理是利用某些流体介质具有导电性，在一段非导磁材料做成的管道外壁安装一对N和S磁极产生磁场，

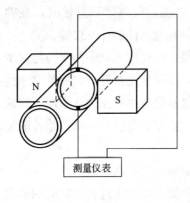
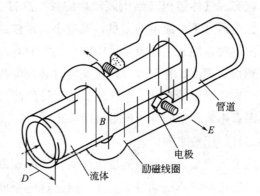

(a) 工作原理图　　　　　　　　　(b) 实物结构图

图 2-4　电磁式流量计

当导电流体（要求其电导率不小于 $10^{-5} \sim 10^{-6}$ S/cm，即不小于水的电导率）流经管道时，流体切割磁力线产生感应电势，当磁场强度和管径一定时，感应电势大小仅与流体的流速有关。因此将此信号放大传送至显示仪表就可对流体的流量进行测量。

超声波式流量计的作用原理类似于电磁式流量计，它是利用某些流体介质对超声波具有吸收性将一对超声波放射-接收探头安装于管道外壁。当流体流过时，流体流速与接收端超声波强度存在一定的关系，该响应经适当的电路信号转换放大，输出至显示仪表，从而达到流量测量的目的。

这类流量计的显著特点是：可以用于各种腐蚀性流体的流量测量，且其输出信号不受液体的物性如黏度、密度等和操作条件如流体温度、压力等影响，响应快。但对信号放大器要求高，测量电路较复杂，受外界电磁场干扰大，仪器精度不够高，不能用于气体和蒸汽的测量。

（3）靶式流量计　靶式流量计是一种速度式流量计，如图 2-5 所示，测量时，在流体流动的管道中，迎着流体流向，于管轴同心安装一小圆形钢片即"靶"。当流体流动时，靶上所受到的冲压头转换成静压头，使靶受力作用，由此得出流速与靶受力大小的响应关系，并相应转换为气压或电信号即可实现流量的测量。从这一方面来看，其原理有些类似于皮托管点速计。靶式流量计的主要特点是流量计系数受管道 Re 的影响很小，对小流量和高黏度流体测量精度较高，无需节流元件及测压导管，维护方便，但不适合于含有固体

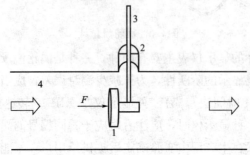

图 2-5　靶式流量计

1—靶；2—输出轴密封片；3—靶的输出力杠杆；4—管道；F—流体推力

颗粒和易于结晶的流体测量。

（二）　流量计的校验

大多数市售流量计虽已在出厂时进行了流量标定或给出了流量系数及校正曲线，但其标定一般是以空气或水为介质在标准技术状态即 1atm （1atm＝101325Pa）、20℃下进行的，而生产实际及科研实验中，由于工况和介质的变化，为了精确获得有关参数，仪表均需进行现场校正工作。

对于流量计的校正，一般常用体积-时间法、质量-时间法和基准流量计法进行。前二者均是通过测定一段时间间隔排出的流体体积或质量来实现的，且常用于液体流量计的校正。基准流量计法则是用一个事先已被校正过且精度较高的流量计作为新的待校流量计的比较基准。显然，被校流量计的精度不可能高于校正系统本身的精度。

对于小流量的气体流量计校正，可以采用标准容量瓶法、皂膜流量计法或湿式流量计法进行。有关流程可参考某些专门手册或自行设计。

对于大流量的流量计校正，其校正流程与小流量校正原理相同，只是采用标准计量槽/气柜流量与仪表读数（刻度），可以在坐标纸中绘成曲线，方便待查。

三、温度测量

温度是表征物体冷热程度的物理量，只能借助于冷、热物体的热交换及其某些物理性质随冷、热程度的不同而改变的特性来实现其测量。若所选择的物体与被测物体接触时间足够长，两个物体的传热达到平衡，此时所选择的物体其温度即与被测物温度达到一致。因此根据所选择物体的某些物性（如膨胀体积、热电阻或热电势等）变化即可实现对被测物体的温度测量。

（一）　温度测量仪表简介

温度测量仪表较多，此处仅介绍几种常用的温度计。

1. 玻璃毛细管液体温度计

这是人们最常用、最熟悉的一种温度计，其主要优点是直观、测量准确、结构简单、价格低，广泛用于工业和实验中。

按其用途可分为三类：工业用、实验室用和标准水银温度计。

标准水银温度计又分一等和二等，其分度值分别为 0.05℃和 0.1℃，主要用于其他温度计的校验和精密测温中。成套使用的标准水银温度计一般有 7 支，测温范围有－30～300℃和－32～302℃两种。

实验室用温度计具有较高的精度和灵敏度，一般为棒式，也有内标式，有测温范围为－30～350℃八支一组的和－30～300℃四只一组的水银温度计。此外，在工业和实验室中还常用到一种红色液体（酒精染色）指示的玻璃温度计（俗称酒精或红液温度计），其测温范围较窄，多见在 0～100℃之间，主要特点是醒目。

工业用温度计一般做成内标尺式，其下部为直角、90°和135°角等形式。为了避免温度计在使用时碰破，在外面通常加有轴向开槽的金属保护套管。

水银温度计的最小分度可达 0.01℃，常见的为 0.2～0.1℃，有些特殊温度计（如贝克曼温度计），其标尺的整个测量范围只有 5～6℃或更小，分度值可达 0.002℃或更小，显然，分度越细制造越难，其价格也越贵。

2. 热电阻温度计

工业和实验室中广泛应用这类温度计来测量$-200\sim500℃$之间的温度。其特点是准确度高、灵敏性好，因其输出直接为电信号（电阻），故便于远传输送和实现多点切换测量。

热电阻温度计的测量原理较简单，它主要是利用导体或半导体的电阻值随温度变化具有较好的线性关系的特点，通过仪表对热电阻变化信号的检测，来获得与之相对的被测物体温度，其感温元件（俗称探头或传感器）主要由电阻体、绝缘覆盖层及保护管组成。对电阻体材料的主要要求是：电阻体的温度系数及电阻率要大，热容量要小，在测温范围内，理化性能稳定，温度与电阻有良好的线性关系且具有重复性。

工业和实验室中常用的热电阻有铂电阻（WZB）和铜电阻（WZG）两种。铂电阻在$0\sim650℃$范围内，其电阻与温度关系如式(2-18)所示，式中温度单位为℃。

$$R_t=R_0(1+3.95\times10^{-6}t-5.85\times10^{-7}t^2-4.22\times10^{-8}t^3) \qquad (2\text{-}18)$$

这种R_t-t关系常称为分度表，并用分度号表示。

工业用的铂电阻其基准电阻（即$0℃$电阻值）R_0常有两种，其一为$R_0=46\Omega$，其分度号B_1（旧分度号）或BA_1（新分度号，也可表示为Pt46）；另一种为$R_0=100\Omega$，其分度号则为B_2或BA_2（亦可表示为Pt100），但B_1、B_2两种型号目前已被淘汰。铂电阻的特点是复现性及稳定性好，较纯，但昂贵。

当测温范围在$-50\sim150℃$时，铜电阻具有很好的稳定性。超过$150℃$时，由于铜易被氧化而失去电阻-温度线性关系，以及高温时机械强度小、体积大、电阻线过长等原因，一般少用。在$-50\sim150℃$内，其分度关系如式(2-19)所示，式中温度单位为℃

$$R_t=R_0(1+4.25\times10^{-3}t) \qquad (2\text{-}19)$$

铜电阻R_0值规定为53Ω（旧分度号，零度阻值，或用G表示）。目前，市售的新分度号有Cu 50和Cu 100两种。铜电阻的特点是易于加工，在规定的温度范围内线性关系较强，便宜。与热电阻配套使用的测量电路常有两种，即电子自动平衡电桥及不平衡电桥，其电桥信号采用动圈式仪表（XCZ-102型，或XCT、XQA-XQD、XDC、XDD）或电动温度变送器（DBW）进行输出显示或调节控制。

3. 热电偶温度

热电偶温度计是工业及实验室中最常用的一种测温元件，它由热电偶和显示仪表及连接导线构成。热电偶温度计具有性能稳定、结构简单、使用方便、测温范围广、准确度高，便于远传及多点集中测量等优点，故应用广泛。

热电偶测温是利用两根不同材料的导线两个连接处温度不同时产生热电势的现象而实现电信号转换。图2-6简单地示意了热电偶测量原理。

通常将焊接的一端（图中为t_1端）称为热端或工作端（测量端），而与导线相连的一端（图中为t_0端）称为冷端（参考端或自由端），在热电偶材料一定的情况下，闭合回路的热电势是接点温度t_1和t_0的函数差，当一端（自由端）温度t_0一定时（在实验室中将冷端浸入冰水共存的混合物中，使之保持在$0℃$，俗称冰浴法），闭路的热电势即成为热端温度t_1的单值函数，而与热电偶的长度及直径无关了。由此可以利用电势（差）的测

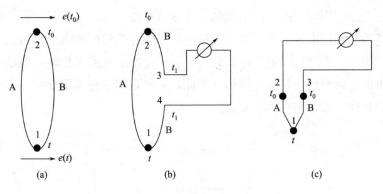

图 2-6 热电偶现象示意

量来反映温度（差）。

工业中常用的热电偶必须满足灵敏度高、温度-电势差线性关系好、电偶的热及化学稳定性高、易加工，并尽可能有良好的重现性和互换性等要求。目前已标准化的热电偶有以下几种。

(1) 铂铑 (10%)-铂热电偶（WRLB，其分度号为 LB-3，铂铑为"＋"极，纯铂丝为"－"极） 测量范围在 $-20 \sim 1300℃$ 内可长期使用，在良好的使用环境下，可短期测量 1600℃ 的高温，适用于氧化性或中性介质中，一般作精密测量及基准热电偶，其优点是耐高温、抗氧化、化学性能稳定、精度高。但高温时易受侵蚀性气体腐蚀而变质，且热电势减弱，价格也较贵。

(2) 镍铬-镍硅（或镍铝）热电偶［WREU，分度号镍硅为 Eu，镍铝为 Eu-2，镍铬为"＋"极，镍硅（铝）为"－"极］ 测温范围在 $-50 \sim 1000℃$，短期使用可达 1200℃，在氧化性或中性介质中使用时，900℃ 以内可长期使用。在 500℃ 以下时亦可用于还原性介质中测温，其特点是灵敏性高、线性好、造价低，但精度不高，材质较脆，焊接性较差。

(3) 镍铬-康铜热电偶（WREA，分度号为 EA-2，康铜为"－"极） 测温范围在 $-50 \sim 600℃$，短期可达 800℃，适宜于还原性或中性介质中使用。其灵敏性高、价格便宜，缺点是测温上限不高，康铜合金易氧化变质。

(4) 铂铑 30%-铂铑 6% 热电偶（又称双铂铑热电偶 WRLL，分度号为 LL-2，其中铂铑 30% 为"＋"极，铂铑 6% 为"－"极） 测量范围在 $300 \sim 1600℃$，短期可达 1800℃，优点与铂铑 10%-铂相同。

(5) 铜-康铜热电偶（WRCK，分度号为 CK-2，其中铜为"＋"极，康铜为"－"极） 测量范围在 $-50 \sim 300℃$ 时，线性较好，价格亦低，是实验室常用热电偶。

此外，还有各种特殊用途的热电偶。如红外线接收热电偶，用于高温（2000℃ 左右）的钨铼热电偶，用于超低温的铁-镍铬热电偶及非金属热电偶。这些热电偶都是非标准产品，实验时需单独校验。市售的热电偶，一般做成套管式和铠装式，实验时可根据情况来选定具体型号及规格。

由热电偶测温原理可知，只有当热电偶冷端温度保持不变时，热电势才是被测温度的单值函数。在实际应用时，由于热电偶的工作端（热端）与冷端离得很近，而且冷端又暴露在空间，容易受到周围环境温度波动的影响，因而冷端温度难以保持恒定。为了使热电偶的冷端保持恒定，当然可以把热电偶做得很长，使冷端远离工作端，但是，这样做要多消耗许多贵重的金属材料，是不经济的。因此，一般是用一种专用导线（称补偿导线）将热电偶的冷端延伸出来，如图2-7所示。

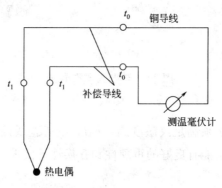

图2-7　补偿导线接线图

专用导线在一定温度（0～100℃）范围内，具有和所延伸的热电偶相同的热电特性，其材料又是贱金属。对于镍铬-康铜等一类用廉价金属制成的热电偶，则可用其本身材料作补偿导线，将冷端延伸到环境温度恒定的地方。常用热电偶的补偿导线列于表2-1。

表 2-1　常用热电偶的补偿导线

热电偶名称	补偿导线				工作端为100℃,冷端为0℃的标准热电偶 /mV
	正极		负极		
	材料	颜色	材料	颜色	
铂铑-铂	铜	红	镍铜	白	0.64±0.03
镍铬-镍铝（硅）	铜	红	康铜	白	4.10±0.15
镍铬-康铜	镍铬	褐绿	康铜	白	6.95±0.30
铁-康铜	铁	白	康铜	白	5.75±0.25
铜-康铜	铜	红	康铜	白	4.10±0.15

采用补偿导线之后，把热电偶的冷端从温度较高和不稳定的地方，延伸到温度比较稳定的操作室内。但冷端温度还不是0℃，而工业上常用的各种热电偶的温度-热电势关系曲线是在冷端温度保持0℃的情况下得到的，与它配套使用的仪表也是根据这一关系曲线进行刻度的。由于操作室的温度往往高于0℃而且是不恒定的，这时，热电偶所产生的热电偶必然偏小，且测量值也随着冷端温度变化而变化，测量结果就会产生误差。因此，在应用热电偶测温时，只有将冷端温度保持为0℃，或者是进行一定的修正才能得出准确的测量结果。

保持冷端温度为0℃的方法，如图2-8所示。

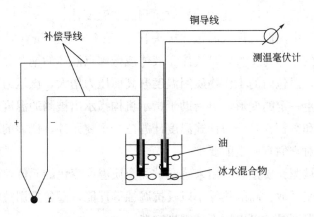

图 2-8　热电偶冷端温度保持 0℃的方法

　　在保温容器中，盛有冰水混合物，把热电偶的两个冷端分别插入盛有绝缘油的试管中，然后放入装有冰水混合物的容器内，这种方法多数用在实验室中。

　　冷端温度的修正方法：冷端温度的修正方法是把在冷、热端分别为 t_1、t 温度时所测得电势 $E(t、t_1)$ 与在冷、热端分别为 t_0、t_1 时的热电势 $E(t_1、t_0)$ 相加，即得冷热端分别为 t_0、t_1 时的总热电势 $E(t、t_0)$。然后由相应热电偶的分度表查取此时所对应的温度 t。

　　此外冷端温度的补偿还可采用校正仪表零点或补偿电桥等方法，具体内容可参见有关专业教材。

　　热电偶的显示仪表一般有动圈式仪表、直流电位差计、电子电位差计及数字电压表等，在实验室中用得较多的是动圈式仪表和电位差计。目前国产的动圈式仪表主要型号有 XCZ 型及带有自动调节系统的 XCT 型两类。电位差计主要有 UJ-36 直流型电位差计和 XW 系列电子电位差计，有关电位差计的使用方法可参见相关仪器的使用说明书。

4. 其他类型温度计

　　(1) 双金属温度计　双金属温度计中的感温元件是两片线膨胀系数不同的金属片叠焊在一起而制成的。双金属片受热后，由于两片金属片的膨胀长度不相同而产生弯曲，如图 2-9 所示。温度越高产生的线膨胀长度差越大，因而引起弯曲的角度就越大。双金属温度计就是按这一原理而制成的。

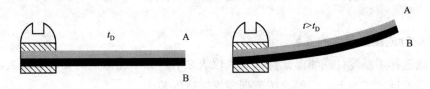

图 2-9　双金属片温度计示意

　　用双金属片制成的温度计，通常被用作温度继电控制器、极值温度信号器或某一仪表的温度补偿器（过去很少作为独立的测量仪表）。目前，也已生产工业用指示式双金属温度计。

　　(2) 压力计式温度计　压力计式温度计是基于封闭容器中的液体、气体或某种液体的饱和蒸气受热后体积膨胀或压力变化的性质而测温的温度计。

压力计式温度计由测温元件（温包和接头管）、毛细管和盘簧管等元件构成一个封闭系统，系统内充填的工作物质可以是气体、液体或低沸点液体的饱和蒸气等。测量时，温包放在被测介质中，温包内的工作物质因温度升高而压力增大，该压力变化经毛细管传给盘簧管，并使其产生一定的变形，再借助于指示机构指示出被测的温度数值。

温包、毛细管和盘簧管是压力计式温度计的三个主要元件，仪表的质量好坏与它们的关系极大，因此，对它们有一定的要求。

温包是直接与被测介质接触、用来感受被测介质温度变化的元件，因此要求它具有较高的强度、小的膨胀系数、高的热导率以及抗腐蚀等性能。温包常用黄铜或钢来制造，在测量腐蚀性介质的温度时，可以用不锈钢来制造。

毛细管是用铜或钢等材料冷拉成的无缝细圆管，用来传递压力的变化。毛细管的直径越细、长度越长，则传递压力的滞后现象就越严重。也就是说，温度计对被测温度的反应越迟钝。然而，在同样的长度下毛细管越细，仪表的精度就越高。毛细管容易被碰伤、折断，因此，必须加以保护。对不经常弯曲的毛细管可用金属软管做保护管。

(3) 辐射式高温计   基于物体热辐射作用来测量温度的仪表，称为辐射高温计。目前，它已经广泛地用来测量高于800℃的温度。这种温度计不必和被测对象直接接触，所以从原理上讲，这种温度计的测温上限是无限的，且用这种温度计测温不会破坏被测对象的温度场。由于这种温度计用热辐射传热，它不必和被测对象达到热平衡。因而测量速度快，热惯性小。这种温度计还有信号大、灵敏度高等优点。

(二) 温度计的校正与安装使用

1. 温度计的校正

在温度的精密测量前，一般均需对所使用的温度计进行校正。校正的方法很多，主要有以下几种。

(1) 冰点以下测温时的校正：先将温度计插入酒精中，再加入干冰使温度降至0℃以下，通过与标准温度计比较即可获得校正曲线。

(2) 冰点的校正：将温度计插入冰-水共存的测量槽中即可。

(3) 0～95℃温度校正：一般取自来水于恒温槽中进行，但要注意恒温槽的恒温精度。

(4) 100～300℃校正：100～200℃温度校正用变压器油进行；200～300℃则用52#机油进行。

2. 温度计或测温元件的安装

在正确选择了温度计或测温元件及二次仪表之后，如不注意正确安装，那么，测量精度仍得不到保证。工业上，一般是按下列要求进行安装的。

(1) 在测量管道温度时，应保证测温元件与流体充分接触，以减少测量误差。因此，要求安装时测温元件应迎着被测介质流向插入，至少须与被测介质正交（成90°），切勿与被测介质形成顺流，如图2-10所示。

(2) 测温元件的感温点应处于管道中流速最大处。一般来说，热电偶、铂电阻、铜电阻保护套管的末端应分别越过流束中心线5～10mm、50～70mm、25～30mm。

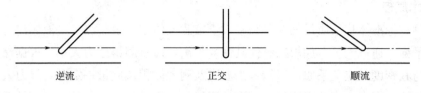

图 2-10 测温元件安装示意 I

（3）测温元件应有足够的插入深度，以减少测温误差。为此，测温元件应斜插安装或在弯头处安装，如图 2-11 所示。

（4）若工艺管道过小（直径小于 80mm），安装测温元件应接装扩大管，如图 2-12 所示。

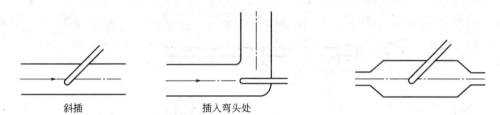

图 2-11 测温元件安装示意 II　　　　图 2-12 小工艺管道上测温元件安装示意

（5）热电偶和热电阻的接线盒应面盖向上，以避免雨水或其他液体渗入影响测量。

（6）为了防止热量散失，测温元件应插在有保温层的管道或设备处。

（7）测温元件安装在负压管道中时，必须保证其密封性，以防外界冷空气进入，使读数降低。

3. 热电偶或热电阻温度计测温时的布线注意事项

（1）按照规定的型号配用热电偶补偿导线，并注意接线的正、负极性。

（2）导线上尽量减少接头，并有良好的绝缘。

（3）不能将补偿导线与交流电线合为一根穿线管，并尽量避免二者相隔太近，以免引起感应而影响测量。

四、组成和成分的分析测定

化工生产及实验中，组成（或成分）分析及测定也是过程及操作调节控制的一种必不可少的手段及措施。从总体上说，组成分析有两大类方法：其一是化学分析方法；其二是仪器分析方法。有关化学分析方法及常规的仪器分析方法如热导分析法、光学分析法、电磁分析法、电化学分析法、色谱法等均已在相关专业的基础理论课程中进行过详细的介绍及讨论，此处不再重复。除了这些常规分析法外，在化工生产及实验中，亦可以利用被测组分的一些其他性质来测定其组成情况。例如，利用组分所形成的溶液其密度与浓度的对应关系，采用比重天平方法来测得组分在溶液中的浓度，或利用某些物质的折射率与其纯度（浓度）的定量关系，采用折光仪（如阿贝折光仪）法测定其含量，亦可利用组分熔点与其含量的关系，采用显微熔点仪方法来测定组分的浓度（含量）等。

以下仅简要介绍液体比重天平测定溶液组成（含量）的方法。

1. 基本原理

用一具有标准体积及质量的测量锤浸没于被测液体中，由于测锤受液体浮力作用而使天平失去平衡，通过天平上加放砝码使其恢复平衡，即可测得浮力大小。根据浮力定律及溶液浓度与其密度对应关系原理可知：当温度及测锤体积及质量一定时，浮力大小将仅取决于被测液体的密度，而此密度又与其中被测组分的含量构成一定关系（此关系通过一些资料或手册可以查阅或已在实验时给出），因此，浮力的大小将直接与组分的含量构成对应关系。

2. 基本结构及使用方法

实验室常用的 PZ-A-5 型液体比重天平主要由支座、托架、横梁、测锤、玻璃筒及法码等部件构成，详细结构可参见图 2-13 及相关实物。

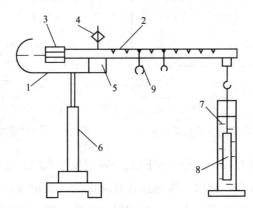

图 2-13　液体比重天平示意

1—托架；2—横梁；3—平衡调节器；4—重心调节器；5—玛瑙刀座；
6—支柱紧固螺钉；7—量筒；8—测锤；9—骑码

液体比重天平使用操作步骤如下。

（1）将测锤 8 和玻璃量筒 7 用纯水或酒精洗净，再将支柱紧固螺钉 6 旋松，托架 1 升至适当高后旋紧螺钉。横梁 2 置于托架之玛瑙刀座 5 上，用等重砝码挂于横梁右端之小钩上。调整水平调节螺钉，使横梁上指针与托架指针尖成水平，以示平衡。如无法调节平衡时，首先将平衡调节器 3 上定位小螺钉松开，略转动平衡调节器直至平衡，仍将定位小螺钉旋紧，严防松动。

（2）将等重砝码取下，换上整套测锤，此时必须保持平衡，但允许有 ±0.0005 个比重单位的读数误差存在，如天平灵敏度高则将重心调节器 4 旋低，反之则旋高。

（3）将测锤浸入欲测液中央（如图 2-13 所示），此时横梁失去平衡，在横梁 V 形槽与小钩上用砝码钳加放各类骑码使之恢复平衡，横梁上骑码的总和通过计算即为测得液体之密度。

（4）读数方法。有四类骑码，每类两个，各类间为十进位，横梁上亦有十格，如最大骑码置于第十格即读为 1，第九格为 0.9，依次为 0.8，0.7，……最小骑码置于第十格为 0.001，第九格为 0.0009，其余骑码类推。

（5）由上述测量得的液体密度，查取相应组分的溶液浓度与密度对照表，可以求出被测组分在液体中的含量（浓度）。

3. 液体比重天平使用过程的注意事项

（1）摆放时应注意天平基座的水平度及支杆的垂直度。

（2）测锤与小钩之间的连线应尽量保持少浸入液体，而测锤则应保证其在加砝码平衡后完全浸没于液体中。

（3）测锤浸入液体中时，应干净并无气泡黏附在其上，同时应使测锤尽量不靠近盛装被测液体的容器壁面和底部，以减小壁效应。

（4）测量时，应严格保持被测液体所处温度与已知浓度的溶液组成（含量）与密度关系曲线所指定的温度条件相符，偏高或偏低均将带来较大误差。

第三节 实验数据的整理方法

一、实验数据的取舍

根据实验原理，对于影响实验结果或者数据整理过程中所必需的数据，都必须在实验过程中测取。一般包括设备特性尺寸，物料的物性参数及定性条件，实验操作过程中的操作参数等。某些数据可由实验测得的相关数据导出或由有关工程手册查取，不必直接测取。

二、实验数据的读取与记录

（1）根据实验目的及要求，事先拟好实验数据原始记录表格、中间运算表格和最终结果表格，并冠以相应的标题名称。记录表格应包括如下内容：

① 实验序号；

② 各待测物理量的名称、符号及单位；

③ 各待测物理量的原始记录数据。

（2）实验数据的读取要在实验过程稳定的条件下读数，如过程操作条件改变，应待实验过程再次稳定后再读数。如测量仪表的指示出现上下波动时，应读取上下波动的平均值。

（3）实验数据读取时应考虑仪表的精确度，一般要记录至仪表上最小分度以下一位数，同时注意有效数字的取舍。

（4）当实验数据数字较大或较小时，应采用科学记数法表示实验数据。

（5）一般每个实验应测取 8～12 组数据，应注意实验数据点的合理分布。

三、实验数据的计算与处理

通过实验过程测取大量的原始数据后，还必须经过进一步的数学处理，使人们清楚地观察到各变量之间的定量关系，以便进一步分析实验现象，得出事物的客观规律，指导生产与设计。

实验数据的数学处理一般先经过数据计算，然后再经过列表法、图示法、经验公式法等方法进行进一步的处理。

1. 数据计算

（1）运算过程中应注意有效数字。工程计算中，最后计算结果的有效数字一般为三位，运算过程中可以保留一或两位不定数字。

（2）运算过程中应注意各物理量间的单位制换算。运算时最好将各物理量的单位统一在同一种单位制下进行，如国际单位制。

（3）运算过程中应采用常数归纳法。为了节省时间并避免计算错误，应将计算公式中的各个常数归纳为一个常数对待。例如，在固定管路中，在同一温度下用同一物料测定其流速对雷诺系数 Re 的关系，因为 $Re=du\rho/\mu$，且管径 d、流体密度 ρ 和黏度 μ 均为恒定数字，可合并为一常数 $A=d\rho/\mu$，固有 $Re=Au$，这样先确定 A 值后，就可以避免重复计算，每改变一个流速 u，很简便地计算相应的 Re 值。

（4）为了清楚地表达实验数据的运算过程，一般每个实验应列出一组实验数据的详细运算过程，以便检查其计算方法和数字计算上的正确性，同时应根据常识和经验判断计算结果的合理性。

2. 列表法

列表法是将实验数据列成表格，为绘制曲线或关联经验公式打下基础。实验数据表分原始记录数据表和数据处理结果表两种。在设计表格时应注意在表头列出物理量的名称、符号、计量单位。物理量的数值较大或较小时，要用科学记数法来表示。表的上方应写明表号和表题，同一个表尽量不跨页，必须跨页时，在此页上须写明"续表 ×××"。

3. 图示法

利用图示法表示实验数据具有许多优点，首先它能清楚直观地显示出研究对象的规律与特点，如极大、极小、转折点、周期性等；其次可利用足够光滑的曲线，作图解微分和图解积分；最后可通过适当的坐标变换，求出经验方程式。

图示法的基本步骤如下。

（1）坐标纸选择　常用坐标纸有普通坐标纸、半对数坐标纸和双对数坐标纸。使用时要根据实验数据的特点，选用合适的坐标纸。

符合 $Y=mX+b$ 关系的数据，选用普通坐标纸；符合 $Y=aX^n$ 关系的数据选用双对数坐标纸，符合 $Y=a^{bX}$ 关系的数据选用半对数坐标纸。

在化工原理实验中，干燥速率曲线、泵性能特性曲线、过滤曲线和精馏图解均采用直角坐标（普通坐标纸）图示法；流体阻力的 λ-Re 曲线，吸收和固体流化中的 Δp-u 曲线，传热实验中的 Nu-Re 曲线均系用双对数坐标（双对数坐标纸）图示法；转子流量计的孔流系数 C_o 与 Re 的关系采用半对数坐标（半对数坐标纸）图示法。

（2）坐标使用　习惯上选横坐标轴表示自变量，纵坐标轴为因变量。使用时应根据数值的大小选用合适的分度，并注明其代表的物理量的符号和单位。坐标的原点不一定从零开始，可根据数据范围确定，使图形占满坐标纸为宜。

（3）实验数据的标绘与图线的绘制　实验数据点可用各种形状的符号表示，如小圆点（•）、小圈圈（○）、小方块（□）、小三角（△）等。在一张图上标有不同组的实验结果或不同条件下的实验结果，应使用不同符号表示，以示区别，但不同的符号应予说明。

将各实验数据点标绘成直线或曲线，曲线应当光滑均匀并反映大多数实验数据点的变化规律，直线或曲线并不一定通过所有实验数据点。

（4）确定实验数据关联式及常数　实验数据标绘后，应根据坐标纸种类及图线形式尽可能确定能表达实验数据变化规律的关联式及常数。

当研究的变量间呈直线关系，即 $y=mx+b$。将实验数据（x_i，y_i）标绘在普通坐标纸上，按解析几何的方法求出该直线的斜率 m 和截距 b，即可确定 $y=mx+b$ 方程。

如果 y 和 x 间不是线性关系，则可选用不同的坐标系将实验变量间非线性关系转化为线性关系，将实验数据曲线处理成直线，从而确定其函数关系。某些常见函数处理成直线关系的方法见表 2-2。

表 2-2　可转化为线性关系的典型曲线函数

序号	图形	曲线函数形式	转为线性函数的方法	坐标系
1		双曲线函数 $y=\dfrac{x}{ax+b}$	令 $Y=\dfrac{1}{y}$，$X=\dfrac{1}{x}$ 则 $Y=a+bX$	直角坐标 Y 和 X 成直线关系
2		S形曲线 $y=\dfrac{1}{a+be^{-x}}$	令 $Y=\dfrac{1}{y}$，$X=e^{-x}$ 则 $Y=a+bX$	直角坐标 Y 和 X 成直线关系
3		指数函数 $y=ae^{\frac{b}{x}}$	令 $Y=\lg y$，$X=\dfrac{1}{x}$，$k=b\lg e$ 则 $Y=\lg a+kX$	直角坐标 Y 和 X 成直线关系
4		指数函数 $y=ae^{bx}$	令 $Y=\lg y$，$X=x$，$k=b\lg e$ 则 $Y=\lg a+kX$	y 轴取对数的半对数坐标中，y 和 x 成直线关系
5		对数函数 $y=a+b\lg x$	设 $X=\lg x$，$Y=y$ 则 $Y=a+bX$	x 轴取对数的半对数坐标中，y 和 x 成直线关系
6		幂函数 $y=ax^b$	设 $X=\lg x$，$Y=\lg y$ 则 $Y=a+bX$	双对数坐标 y 和 x 成直线关系

以下以幂函数、对数函数和指数函数为例说明如何用图解法确定经验公式中的系数。

① 幂函数的线性图解　对于幂函数 $y=ax^b$，将方程的两边取对数得 $\lg y=\lg a+b\lg x$，令 $X=\lg x$，$Y=\lg y$，则得到直线方程 $Y=\lg a+bX$。在普通直角坐标系中绘制 Y-X 关系或在双对数坐标系中绘制 y-x 关系，便可获得直线。当研究的变量间呈幂函数关系，即 $y=ax^b$，将实验数 (x_i,y_i) 标绘在双对数坐标上，其图形是一直线。在标绘所得的直线上，取相距较远的 1、2 两点，读取 1、2 两点的 (x,y) 值，然后按式(2-20)计算直线斜率 b

$$b=\frac{\lg y_2-\lg y_1}{\lg x_2-\lg x_1} \tag{2-20}$$

当两坐标轴比例尺相同时，可用直尺量出直线上 1、2 两点间的水平距离和垂直距离，按式(2-21)计算 b。

$$b=\frac{1\text{ 和 }2\text{ 两点间垂直距离的实测值}}{1\text{ 和 }2\text{ 两点间水平距离的实测值}} \tag{2-21}$$

系数 a 的值可由直线与过坐标原点的 y 轴交点的纵坐标来定出。也可在求出 b 值后，找到直线上一点 (x_1,y_1)，按式(2-22)计算 a 值。

$$a=y_1/x_1^b \tag{2-22}$$

传热系数测定实验中需要根据实验数据确定努赛尔数和雷诺数关系的特征数关联式 $Nu=bRe^m$，式中，b 和 m 的求取即按此方法进行。

② 指数函数的线性图解　当研究的变量间呈指数函数关系，即 $y=ae^{bx}$，将实验数 (x_i,y_i) 标绘在 y 轴为对数的半对数坐标上，其图形是一直线。在标绘所得的直线上，取相距较远的 1、2 两点，读取 1、2 两点的 (x,y) 值，然后按式(2-23)计算直线斜率 k

$$k=\frac{\lg y_2-\lg y_1}{x_2-x_1} \tag{2-23}$$

系数 b 即可按 $b=k/\lg e$ 计算确定。系数 a 的确定与幂函数基本相同，可用直线上任一点的坐标 (x_1,y_1) 和已经求出的系数 k 和 b，按式(2-24)确定。

$$a=\frac{y_1}{e^{bx_1}} \tag{2-24}$$

③ 对数函数的线性图解　当研究的变量间呈对数函数关系，即 $y=a+b\lg x$，将实验数 (x_i,y_i) 标绘在 x 轴为对数的半对数坐标上，其图形是一直线。在标绘所得的直线上，取相距较远的 1、2 两点，读取 1、2 两点的 (x,y) 值，然后按式(2-25)计算直线斜率 b

$$b=\frac{y_2-y_1}{\lg x_2-\lg x_1} \tag{2-25}$$

系数 a 的确定与幂函数基本相同，可用直线上任一点的坐标 (x_1,y_1) 和已经求出的系数 b，按式(2-26)确定。

$$a=y_1-b\lg x_1 \tag{2-26}$$

4. 经验公式法

除了用表格、图示描述变量的关系外，常常把实验数据整理成方程式，用经验公式描述过程和现象的变量之间的关系，即建立过程的数学模型。经验公式使实验规律更加量化。具体步骤如下：

(1) 将实验测定的数据加以整理与校正；

(2) 选出自变量和因变量，确定坐标并绘出曲线；

(3) 由曲线的形状，根据解析几何的知识，判断曲线的类型；

(4) 用图解法或回归分析法来决定经验公式中的系数；

(5) 检验经验公式的有效性。

步骤（4）中图解法求经验公式中待定系数（即模型参数）的方法前面已经作过介绍。若采用回归分析法来求取经验公式中的待定系数（即模型参数），一般应根据最小二乘法原理确定，具体理论可参见有关数理统计学教材。

当研究的变量间呈线性函数关系即 $y=ax+b$ 时，方程中的 a 和 b 系数可按下述公式求取：

$$a=\frac{\sum x_i y_i - n\overline{xy}}{\sum x_i^2 - n(\overline{x})^2} \tag{2-27}$$

$$b=\overline{y}-a\,\overline{x} \tag{2-28}$$

式(2-27) 和式(2-28) 中，x_i、y_i 为各实验点数据；n 为实验点个数；$\overline{x}$ 为各实验点 x_i 的算术平均值；$\overline{y}$ 为各实验点 y_i 的算术平均值。

$$\overline{x} = \frac{1}{n}\sum_{i=1}^{n} x_i \tag{2-29}$$

$$\overline{y} = \frac{1}{n}\sum_{i=1}^{n} y_i \tag{2-30}$$

思 考 题

1. 工程实验的目的是什么？

2. 工程实验常用的基本方法有哪些？

3. 什么叫数学模型法？

4. 简述将复杂的工程问题归纳为数学模型的方法和步骤。

5. 通过理论分析和推导建立的数学模型为什么还要经过实验的检验？

6. 什么叫量纲一致性原则？经验公式是否可以转换成量纲一致的物理方程？怎样转换？

7. 简述量纲分析法的基本步骤。

8. 为什么要组织工程实验？工程实验的组织包括哪些内容？

9. 为什么说工程实验的组织工作是比较复杂的？

10. 简述化工原理实验方案的设计程序。

第三章 化工原理演示实验

实验 1 雷诺演示实验

一、实验目的

1. 观察流体在管内流动的两种不同形态。

2. 观察层流状态下管路中流体速度分布状态。

3. 测定流动形态与雷诺数 Re 之间的关系及临界雷诺数值。

二、实验原理

流体在流动过程中有两种不同的流动形态：层流和湍流。流体在管内做层流时，其质点做直线运动，且互相平行。湍流时质点紊乱地向各个方向做不规则运动，但流体的主体仍向某一方向流动。

影响流体流动形态的因素，除代表惯性力的流速和密度及代表黏性力的黏度外，还与管型、管径等有关。经实验归纳得知可由雷诺数 Re 来判别：

$$Re = \frac{du\rho}{\mu} \tag{3-1}$$

式中　d——管子管径，m；

　　　u——流速，m/s；

　　　ρ——流体密度，kg/m³；

　　　μ——流体黏度，Pa·s。

$Re \leqslant 2000$ 为层流；$Re \geqslant 4000$ 为湍流；$2000 < Re < 4000$ 为不稳定的过渡区。

三、实验装置与流程

实验装置如图 3-1 所示。

四、实验操作步骤

1. 依次检查实验装置的各个部件，了解其名称作用，并检查是否正常。

2. 开启进水阀，待高位槽溢流后微开排水阀，调节红色指示液至适度，改变水流量观察层流状态及湍流状态下红色指示液的流动状态并对过渡区仔细观察。

3. 调节水量由较大值缓慢减小，同时观察红色指示液流动形态，并记下指示液成一条稳定直线、指示液开始波动、指示液与流体（水）全部混合时流量计的各读数。

4. 重复步骤 3 五次，计算 Re 临界平均值。

5. 先关闭阀 6、7，使玻璃管 3 内的水停止流动。再开阀 6，让指示液水流出 1～2cm 后关闭 6，再慢慢打开阀 7，使管内流体作层流流动。观察此时的速度分布曲线呈抛物线状态。

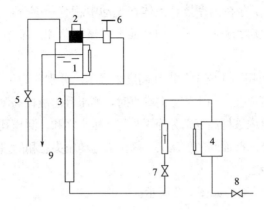

图 3-1 雷诺实验流程示意

1—高位槽；2—指示液；3—玻璃管；4—计量桶；5—进水阀；

6—指示液控制阀；7—水量控制阀；8—排污阀；9—溢流管

6. 关闭阀 5、6，全开阀 8，排尽存水，清理现场。

五、实验数据记录与处理

数据记录如表 3-1 所示。

表 3-1 实验记录

水温 t：_____℃；水的密度 ρ：_____ kg/m³；水的黏度 μ：_____ Pa·s；玻璃管内径 d：_____ mm

序号	流量 /(m³/h)	流速 /(m/s)	雷诺数 Re	流动状态	
				由 Re 判断	现象判断
1					
2					
3					
4					
5					

六、思考题

1. 如果生产中无法通过直接观察来判断管内流动状态，你可以用什么方法来判断？

2. 用雷诺数 Re 判断流动状态的意义何在？

3. 如何理解 Re 值在层流和湍流之间的流动形态？

实验 2　伯努利方程演示实验

一、实验目的

1. 熟悉流体流动中各种能量和压头的概念及其相互转化关系，加深对伯努利方程的理解。

2. 观察各项能量（或压头）随流速的变化规律。

二、实验原理

不可压缩流体在管内作稳态流动时，由于管路条件（如位置高低、管径大小）的变化，会引起流动过程中三种机械能——位能、动能、静压能的相互转换。对理想流体，在系统内任一截面处，虽然三种能量不一定相等，但能量之和是守恒的。

对于实际流体，由于存在内摩擦，流体在流动中总有一部分机械能随摩擦和碰撞转化为热能而损耗了。故对实际流体，任意两截面上机械能总和并不相等，两者的差值即为机械能的损失。

以上几种机械能均可用测压管中的液柱高度来表示，分别称为位压头、动压头、静压头。当测压管中的小孔（即测压孔）与水流方向垂直时，测压管内液柱高度即为静压头；当测压孔正对水流方向时，测压管内液柱高度则为静压头与动压头之和。测压孔处流体的位压头由测压孔的几何高度确定。任意两截面间的位压头、静压头、动压头总和的差值，则为损失压头。

三、实验装置与流程

伯努利方程实验装置流程如图 3-2 所示。

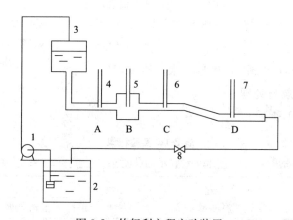

图 3-2　伯努利方程实验装置

1—水泵；2—水槽；3—高位槽；4,5,6,7—测压管；8—流量控制阀

四、实验操作步骤

1. 关闭阀 8，启动循环泵 1，旋转测压孔，观察并记录各测压管中液柱的高度 h。

2. 将阀 8 开启至一定大小，观察并记录测压孔正对和垂直于流体流动方向时，测压管中心的液柱高度 h_1 和 h_2。注意其变化情况。

3. 继续开大阀 8，测压孔正对水流方向，观察并记录各测压管中液柱高度 h_3。

4. 在阀 8 开度一定时，用量筒、秒表测定液体的体积流量（测两次取平均值），并算出大小两段管中水的平均流速，由 $H_动 = u^2/2g$ 求出 B、C 处的速度，并作比较。

五、实验数据记录与处理

数据记录和处理结果如表 3-2 和表 3-3 所示。

表 3-2　实验记录

序号	操作		测压点 液柱高/mm	A	B	C	D
	阀 8	测压孔方向					
1	关	旋转各方向	h_0				
2	一定开度	垂直于水流	h_1				
3	一定开度	正对于水流	h_2				
4	逐渐开大	同上	h_3				

表 3-3 实验数据处理结果

体积流量测定			流速计算			
序号	体积 /mL	时间 /s	流量 /(m³/s)	项目测压点	动压头 /m	平均流速 /(m/s)	点速度 /(m/s)
1				B			
2				C			
平 均							

六、思考题

1. 关闭阀 8 时，各测压管内液位高度是否相同，为什么？

2. 阀 8 开度一定时，转动测压头手柄，各测压管内液位高度如何变化，变化的液位表示什么？

3. 同上题条件，为什么 A、C 两点的液位变化大于 B 点的液位变化？

4. 同上题条件，为什么可能出现 B 点液位大于 A 点液位？

5. 阀 8 开度不变，且各测压孔方向相同，A 点液位 h_A 与 C 点液位高度 h_C 之差表示什么？

实验 3　热边界层演示实验

一、实验目的

观察加热气体的流动情况，了解热边界层的形成、发展和分离现象。

二、实验原理

如图 3-3 所示，热边界层演示仪由点光源 1、热固体模型 2 和光屏 3 组成。热固体模型 2 为一金属圆柱体，其表面用电加热，温度可达 350℃。当热固体模型 2 受热时，其壁面周围的空气因受热产生自下而上的空气流，由此形成流体流经固体 2 壁面的自然对流运动，在固体模型 2 的壁面处形成热边界层。由于热边界层紧贴壁面停滞不动，因此，边界层内的空气温度必然接近于固体模的温度。而此时热边界层外为常温空气，由此导致边界层内外的空气密度不同，引起边界层内外的空气折射率变化。由物理学可知，气体的密度 ρ 与折射率 n 的关系如下：

$$\frac{n-1}{\rho}=常数 \tag{3-2}$$

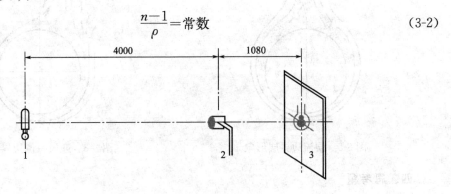

图 3-3　热边界层实验装置

1—点光源；2—热固体模型；3—光（投影）屏

　　利用这一原理,可在光屏上观察热模型周围边界层的形成、发展和分离现象。本实验中点光源灯泡 1 发出的光线距热模型 2 约 4m 处,热模型 2 在距光屏 3 的约 1m 处成像。

　　由图 3-4 可见,当光线从远处的点光源 1 以很小的入射角 i 投射到固体模型 2 的壁面边界层时,如果光线不偏折,它投影到光屏 3 的 b 点。但由于热边界层的存在,层内气体温度远高于周围空气温度,从而使边界层内外空气的折射率变化,造成出射角 γ 大于入射角 i,从而使出射光线偏折到投影屏 3 的 a 点处,和原来已有的背景投射光相重叠,形成明显的亮点,这样,由无数个亮点汇集成的图形,就反映出了边界层的形状。对比之下,原折射位置(b 点)因为得不到投射光线,显得较暗而形成的暗区,就代表了热边界层的形状。

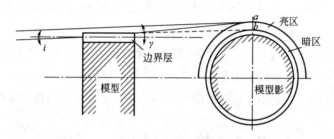

图 3-4　演示装置原理示意

注:虚线为不偏折时的出射线;i 代表小角;γ 代表大角

三、实验操作步骤

1. 打开模型电加热开关,加热 20min 以上,再打开点光源开关。

2. 观察光屏,可发现圆柱底部由于气流动压的影响,边界层最薄,越往上部边界层越厚。在顶部有某一区域,边界层分离,形成漩涡,如图 3-5 所示。

3. 对模型吹气或扇风,观察边界层厚度随流体流速增加而减薄的现象,如图 3-6 所示。

4. 观察完毕先关光源开关,再关电加热器开关。

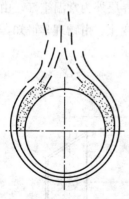

图 3-5　层流边界层形象

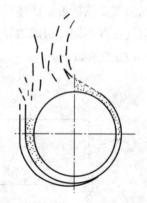

图 3-6　迎风一侧边界层减薄

四、思考题

1. 如何定义热边界层?

2. 热边界层厚度与哪些因素有关?

3. 热边界层与流动（动量）边界层有何相似点或不同点？

实验 4 旋风分离器除尘演示实验

一、实验目的

观察含炭黑粉尘的空气在旋风分离器内的运动，了解旋风分离器的除尘原理。

二、实验装置

实验装置由下述主要设备组成。

1. 玻璃旋风分离器。

2. 对比模型。其外形尺寸与旋风分离器相同但进气口不在筒壁的切线方向而在径向。

3. 抽吸器。其原理与文丘里管类似，喉部接管与装有炭黑的杯相连，空气流过喉部时，因该处截面小、流速快而产生负压，将炭黑吸入，配成含尘气流。

4. 灰斗。

三、实验操作步骤

1. 开空压机，开旋风分离器进气阀。观察含尘气流在旋风分离器内的运动。可看到尘粒在离心力的作用下被甩向器壁，经下锥体落于灰斗。从排气管排出的是洁净气体。注意观察黑色气流的旋转圈数。

2. 用对比模型作同样的实验。由于不是切向进口，缺乏离心力，可以看到气流是混乱的，细小的炭黑不能沉降而由排气口喷出。用白纸放在排气口上方，可看到白纸被熏黑，表明分离效果很差。

四、思考题

1. 在进口气量一定的情况下，增大粉尘进口浓度，除尘器出口粉尘浓度将有何变化？

2. 在除尘器进口粉尘浓度一定的情况下，增大除尘器进口气量，除尘器出口粉尘浓度将有何变化？

3. 如果除尘器底部产生漏风，对除尘效率有何影响？

4. 除尘器的总效率与其分级效率是何关系？

5. 何谓除尘器的临界分割粒径 d_c？d_c 与哪些因素有关？

第四章　化工原理基础实验

实验 5　流体力学综合测定实验

流体力学综合实验包含流体阻力测定、流量的测定与流量计校核、离心泵特性曲线的测定三个实验，它们都可在如图 4-1 所示的流体力学综合实验装置上完成。其实验的主要目的是使学生掌握工业上流量、功率、压力和温度等参数的测量方法，了解孔板流量计（文丘里流量计）、调节阀以及相关仪表的构造原理和操作使用方法。

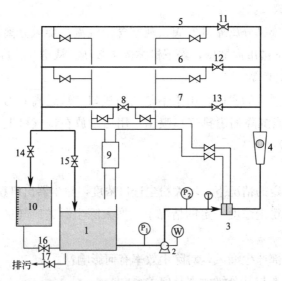

图 4-1　流体力学综合实验装置及流程

1—水槽；2—离心泵；3—孔板流量计；4—转子流量计；5—光滑管；6—粗糙管；7—局部阻力管；
8，14，15，16，17—闸阀；9—差压变送器；10—计量槽；11，12，13—球阀

I　流体阻力的测定

一、实验目的

1. 掌握流体阻力及一定管壁粗糙度下的摩擦系数 λ 的测定方法。

2. 掌握测定局部阻力系数 ξ 的方法。

3. 掌握摩擦系数 λ 与雷诺数 Re 之间的关系及工程意义。

二、实验原理

流体阻力产生的根源是流体具有黏性，流动时存在内摩擦。而壁的形状则促使流动的流体内部发生相对运动，为流体阻力的产生提供了条件，流体阻力的大小与流体本身的物

理性质、流动状况及壁面的形状等因素有关。流动阻力可分为直管阻力和局部阻力。

流体在流动过程中要消耗能量以克服流体阻力。因此，流动阻力的测定颇为重要。

1. 直管（光滑管或粗糙管）阻力摩擦系数 λ 的测定

直管阻力是流体在直管内流动，由于流体的内摩擦而产生的阻力损失 h_f。对于等直径水平直管，根据两测压点之间的伯努利方程有：

$$h_f = \frac{p_1 - p_2}{\rho g} = \lambda \frac{l}{d} \times \frac{u^2}{2g} \tag{4-1}$$

或

$$\lambda = \frac{2d(p_1 - p_2)}{\rho l u^2} \tag{4-2}$$

式中　λ——摩擦系数，无量纲；

　　　l——直管长度，m；

　　　d——管内径，m；

　　　$(p_1 - p_2)$——流体流经直管的压强降，Pa；

　　　u——流体截面平均流速，m/s；

　　　ρ——流体密度，kg/m^3。

由式(4-2)可知，欲测定 λ，需知道 l、d、$(p_1 - p_2)$、u、ρ 等。

① 若测得流体温度，则可查得流体的 μ、ρ 值。

② 若测得流量，则由管径可计算流速 u。

③ 两测压点间的压降 $(p_1 - p_2)$，可用 U 形压差计测定。此时：

$$\Delta p = (\rho' - \rho) g R \tag{4-3}$$

式中　ρ'——指示液密度，kg/m^3；

　　　R——U 形压差计中指示液柱的高度差，m。

则：

$$\lambda = \frac{2d}{\rho l u^2} (\rho' - \rho) g R \tag{4-4}$$

2. 局部阻力系数 ξ 的测定

局部阻力主要是由于流体流经管路中的管件、阀门及管截面的突然扩大或缩小等局部位置时所引起的阻力损失，在局部阻力元件左右两侧的测压点间列伯努利方程有：

$$h_f' = \frac{p_1' - p_2'}{\rho g} = \xi \frac{u^2}{2g} \tag{4-5}$$

即：

$$\xi = \frac{2}{\rho u^2} (p_1' - p_2') \tag{4-6}$$

式中　ξ——局部阻力系数；

　　　$(p_1' - p_2')$——局部阻力压强降，Pa。

式(4-6)中 u、$(p_1' - p_2')$ 等的测定同直管阻力的测定方法。

三、实验装置与流程

采用如图 4-1 所示流体力学综合实验流程装置进行测定。流体（实验室常用水）从贮槽 1 由离心泵 2 输入管道，经流量计（转子流量计 4）计量后，流体分别流经光滑管 5

（粗糙管6、局部阻力管7），再经调节阀15（此时调节阀14关闭），流回贮槽1，流体循环利用（待全部实验做完后，打开阀17将水排入下水道），记下泵的进出口压力（p_1 和 p_2）、流体的温度、流量计的读数和流体流过各管的压差值，即可完成流体流动阻力实验测定。

四、实验要求

1. 改变流量由小（大）到大（小）测8~10组数据，计算 λ、ξ、Re 值。

2. 在双对数坐标纸上绘出 λ-Re 曲线，并与书上 λ-Re 比较是否相符。

五、操作注意事项

1. 闸阀8开度的确定。①测闸阀全开时的阻力系数：将闸阀全关，再全开；②测闸阀 $1/n$ 时的阻力系数：在全开时记下其圈数，再关闸阀若干圈，以确定其开度大小。

2. 启动离心泵。操作顺序为：①关水泵出口调节阀15——保护电机；②灌水排气（本装置可省去此操作）——防气缚；③盘车——轴转动自如；④慢慢打开出口阀——防指示液冲出。

3. 排气。操作顺序为：①管路排气：关出口调节阀15，开-关管路上方的考克若干次；②引压管排气：打开出口阀，打开U形管中间的平衡考克，开-关U形管上方左/右侧的考克若干次；③U形管压差计的排气：打开出口阀，关闭U形管中间的平衡考克，开-关U形管上方左/右侧的考克若干次（注意不要把指示液排出）。确保U形管压差计指示液左右两侧等高才可进行正常的实验（观察压差计两管中液位是否等高，若高度不同，则说明测压管内有空气存在，将导致测量误差）。

4. 调节泵的出口阀门15，使流量逐渐增至最大，从最大流量下开始测取数据。在流量变化的整个范围内，可取8~10组数据（小流量选取密一些，大流量选取疏一些），每调节一次流量，待稳定后读取数据。

5. 测完数据后进行停泵操作：先关出口调节阀15，后断电源。

6. 停泵后，检查压差计两管中液位是否在同一高度，若不同，应分析原因，并考虑是否需要重做，若要重做则重复以上各步。

7. 记录水温。

8. 实验结束后，清理现场。

六、实验数据记录与处理

数据记录如表4-1所示。

表4-1 流体阻力测定实验数据记录

光滑管：管内径 $D_1 =$ ＿＿＿ mm，管长＝＿＿＿ m   粗糙管：管内径 $D_2 =$ ＿＿＿ mm，管长＝＿＿＿ m

闸　阀：管内径 $D_3 =$ ＿＿＿ mm，开度＝＿＿＿　　　水　温：$t =$ ＿＿＿℃

序号	流量 V_s/(m³/s)	直管（压差计）/mmHg		局部管（压差计）/mmHg	
		普通管	粗糙管	全开	半开
1					
2					
3					
……					

七、思考题

1. 为何要排气？若气未排尽，对试验结果有何影响？

2. 本实验数据为什么要整理成 λ-Re 曲线，而不整理成 λ-u 或 λ-Q 曲线？

3. 不同流体、不同管径及不同温度下的 λ、Re 数据能否关联到一条曲线上，为什么？

4. 压差计测压导管的粗细、长短对测量两点的压力差有无影响？

5. 层流、湍流、完全湍流（阻力平方区）时，摩擦系数 λ 与 Re、ε/d 各为何关系？

6. 转子流量计如何读数，为什么？

7. 阻力测定在工业上有何应用？

Ⅱ 流量测定与流量计校核

一、实验目的

1. 熟悉节流式流量计的构造及应用。

2. 掌握流量计的流量校正方法。

3. 通过流量计流量系数的测定，了解流量系数 $C_0(C_v)$ 与雷诺数 Re 的关系。

二、实验原理

在流量测量中，孔板流量计和文丘里流量计是应用最广泛的节流式流量计，这两种流量计由孔板（或文丘里管）与一套 U 形管压差计组成。当流体以一定流速通过孔板（或文丘里管）时，由于流道截面缩小、速度增大，而使孔板前后产生一定的压差。根据伯努利方程，可以得流体的体积流量与压差的关系：

$$V_s = C_0 A_0 \sqrt{\frac{2(\rho_0-\rho)}{\rho}gR} \tag{4-7}$$

式中 V_s——流体的体积流量，m^3/s；

$C_0(C_v)$——孔流系数，0.855；

A_0——孔口（或文丘里管缩脉）处的截面积，m^2；

R——U 形管压差计读数，m；

ρ_0——指示液的密度，kg/m^3；

ρ——流体的密度，kg/m^3。

孔流系数 $C_0(C_v)$ 不仅与 A_0/A_1（孔板与管道截面积的比）有关，而且与孔板的结构形状、加工光洁度、流体在管内的雷诺数、取压方式以及管壁的粗糙度等因素有关。具体数值由实验测定。孔板的 A_0/A_1 为一定值，Re 超过某个数值后，$C_0(C_v)$ 接近于常数。一般工业上生产的孔板（或文丘里管）流量计，就是规定 $C_0(C_v)$ 在定值的流动条件下使用。C_0 值范围一般为 0.6～0.7。

采用实验确定流量系数 $C_0(C_v)$ 与雷诺数 Re 的关系曲线的方法，称为流量计校核。

本实验是以水为工作流体，测定在一定范围内的 C_0-Re、C_v-Re 曲线。

三、实验装置与流程

采用如图 4-1 所示流体力学综合实验流程装置进行测定。

标准流量计法：以转子流量计为标准流量计。流体从贮槽 1，由离心泵 2 输入管道，经流量计（孔板流量计 3 或者在管路上再安装一个文丘里流量计、转子流量计 4）计量后，流体流经普通管 5，再经调节阀 15（此时调节阀 14 关闭），流回贮槽 1，流体循环利用（待全部实验做完后，打开阀 17 将水排入下水道），记下流体的温度、流量计的读数（孔板流量计 3、文丘里流量计、转子流量计 4）。

体积法：以体积法测定标准流量。流体从贮槽 1，由离心泵 2 输入管道，经孔板流量计 3（或文丘里流量计）计量后，流体流经普通管 5，再经调节阀 14（此时调节阀 15 关闭），流体流入计量槽 10 计量，实验完成后，开阀 16 流体放入贮槽 1，循环利用（待全部实验做完后，打开阀 17 将水排入下水道），记下流体的温度、流量计的读数（孔板流量计 3、文丘里流量计）和计量槽 10 的高度。

四、实验要求

1. 在单对数坐标纸上绘出 C_0-Re、C_v-Re 曲线。
2. 在双对数坐标纸上绘出流量 V 与压差计读数 R 之间的关系，并量出其斜率。
3. 讨论实验结果。

五、操作注意事项

1. 熟悉实验装置，检查应开、关的阀门。

2. 实验测量前，必须先进行管道、引压导管和所有 U 形管压差计的排气工作（详细操作见阻力实验）。排气时严防压差计中指示液冲出。

3. 启动泵时注意灌水排气，防止气缚现象；注意关闭泵的出口阀，防止启动功率过大。

4. 用泵出口阀 15（14）由小（大）到大（小）的顺序调节流量，记录 8～10 组数据。

5. 体积法测量流量时应保证每次测量中、计量槽液位差不小于 10cm 或测量时间不少于 40s。

6. 实验结束时，关闭泵出口阀，检查压差计指示液面是否水平。若不等，应分析原因，并考虑是否重作。若相等，则停泵，清理现场。

六、实验数据记录与处理

实验数据记录见表 4-2。

表 4-2　流量测定与流量计校核实验数据记录

光滑管：管内径 $D=$ ＿＿＿＿ mm；管长 $=$ ＿＿＿＿ m　　水　温：$t=$ ＿＿＿＿ ℃
计量槽边长：$a=$ ＿＿＿＿ cm；$b=$ ＿＿＿＿ cm

序号	流量 V_s		被测流量计 R/mmHg	
	计量槽	转子流量计/(m³/s)	孔板	文丘里
	液位/mm　　　时间/s			
1				
2				
3				
……				

七、思考题

1. 实验中需要测定哪些数据？影响本实验结果准确度的因素有哪些，应如何防止？
2. 流量计的流量系数与哪些因素有关？
3. 孔板流量计、文丘里流量计安装时应注意什么问题？这两种流量计有何优缺点？
4. 压差计的平衡阀有何作用？怎样使用？
5. 气体流量计应如何校正？拟设计一个气体流量计校正实验流程。

Ⅲ 离心泵特性曲线的测定

一、实验目的

1. 了解离心泵的结构和特性，熟悉离心泵的操作。
2. 掌握离心泵主要参数的测定方法，测量一定转速下的离心泵特性曲线。
3. 了解并熟悉离心泵的工作原理。

二、实验原理

1. 离心泵的特性曲线

离心泵是化工生产中应用最广的一种流体输送设备。它的主要特性参数包括：流量 Q、扬程 H_e、轴功率 N 和效率 η。这些特性参数之间是相互联系的，在一定转速下，H_e、N、η 都随着输液量 Q 变化而变化；离心泵的压头 H_e、轴功率 N、效率 η 与流量 Q 之间的对应关系，若以曲线 H-Q、N-Q、η-Q 表示，则称为离心泵的特性曲线，可由实验测定。特性曲线是确定泵的适宜操作条件和选用离心泵的重要依据。

离心泵在出厂前均由制造厂提供该泵的特性曲线，供用户选用。泵的生产部门所提供的离心泵的特性曲线一般都是在一定转速和常压下，以常温的清水为介质测定。在实际生产中，所输送的液体多种多样，其物理性质（如密度、黏度等）各异，泵的性能将发生变化，厂家提供的特性曲线将不再适用，如泵的轴功率随液体密度变化而变化，随黏度变化，泵的压头、效率、轴功率等均发生变化。此外，改变泵的转速或叶轮直径，泵的性能也会发生变化。因此，用户在使用时要根据介质的不同，重新校正其特性曲线后选用。

2. 流量 Q 的测定

转速一定，用泵出口阀调节流量，管路中流过的液体量通过转子流量计或压差式流量计读出的压差值来确定。

3. 扬程 H 的测定

在离心泵进、出口管装设真空表和压力表的两管截面间列出伯努利方程：

$$Z_1 + \frac{u_1^2}{2g} + \frac{p_1}{\rho g} + H_e = H_表 + H_真 + h_0 + \frac{u_2^2 - u_1^2}{2g} + \sum H_f \tag{4-8}$$

式中 $H_表$，$H_真$——泵出口压力表和入口真空表测得的读数，m；

$\quad\quad\quad h_0$——出口压力表和入口真空表间的垂直距离，m；

$\quad\quad\quad u_1$，u_2——泵进口、出口管内流体的流速，m/s。

4. 轴功率 N 的测定

$$N = N_电 k \tag{4-9}$$

式中　$N_{电}$——功率表测定电机的功率，kW；

　　　k——电机传动效率。

5. 离心泵效率 η 的测定

先计算离心泵的有效功率 N_e(kW)，再计算其效率 η。有关计算式如下：

$$N_e=\frac{H_eQ\rho g}{1000} \tag{4-10}$$

$$\eta=\frac{N_e}{N}\times100\% \tag{4-11}$$

三、实验装置与流程

采用如图 4-1 所示流体力学综合实验装置和流程进行测定。流体（实验室常用水）从贮槽 1 由离心泵 2 输入管道，经流量计（转子流量计 4）计量后，流体流经普通管 5 再经调节阀 15（此时调节阀 14 关闭），流回贮槽 1，流体循环利用（待全部实验做完后，打开阀 17 将水排入下水道），记下泵的进、出口压力（p_1 和 p_2）、电机功率表的读数、流体的温度、流量计（转子流量计）的读数，即可完成离心泵特性曲线实验测定。

四、实验要求

用普通坐标纸绘制离心泵的特性曲线图。

五、操作注意事项

1. 水槽内应保持一定的水位，水不能太少。

2. 泵启动前，泵的出口阀门 15 应关闭，保持泵刚启动时的空载运转。

3. 泵启动后，泵的出口阀门开启幅度不要太大。

4. 用泵出口阀 15 由小（大）到大（小）的顺序调节流量，记录 8～10 组数据。

5. 关泵前，泵的出口阀门应关闭。

6. 注意电源、泵、转速表等的开启和关闭顺序。

六、实验数据记录与处理

实验数据的记录见表 4-3。

表 4-3　离心泵特性曲线实验数据记录

泵进口管内径 $D_1=$_____mm；泵出口管内径 $D_2=$_____mm

压力表与真空表之间的垂直距离 $h_0=$_____m　　水　温 $t=$_____℃

序号	转子流量计 V_s/(m³/s)	真空表 p_1/MPa	压力表 p_2/MPa	电机功率/kW
1				
2				
3				
……				

七、思考题

1. 离心泵启泵前为什么要灌泵？如果已经灌泵了，但离心泵还是启动不起来，你认为可能是什么原因？

2. 为什么离心泵启动时要关闭出口阀？

3. 随着流量变化，泵的出口压力表及入口真空表读数按什么规律变化？

4. 根据什么条件来选择离心泵？

5. 离心泵的扬程、功率、效率如何得到？

6. 试分析气缚现象和气蚀现象。

7. 为什么通过泵出口管路阀门开度的改变来调节离心泵的流量？这种方法有什么优缺点？是否还有其他方法调节泵的流量？

实验 6　恒压过滤常数测定实验

一、实验目的

1. 了解板框过滤机的结构，掌握过滤的操作方法。

2. 测定恒压过滤时的过滤常数 K、q_e、τ_e。

3. 测定过滤终了速率和洗涤速率的关系。

二、实验原理

利用板框过滤机进行恒压过滤操作时，其过滤速率方程式：

$$(V+V_e)^2 = KA^2(\tau+\tau_e) \tag{4-12}$$

或

$$(q+q_e)^2 = K(\tau+\tau_e) \tag{4-13}$$

式中　V——τ 时间内的滤液体积，m^3；

V_e——虚拟的滤液体积，它是形成相当于滤布阻力的一层滤渣时，应得到的滤液体积，m^3；

A——过滤面积，m^2；

K——过滤常数，m^2/s；

τ——过滤时间，s；

τ_e——相当于得到滤液 V_e 所需要的时间，s；

q——单位过滤面积的滤液体积，m^3/m^2；

q_e——单位过滤面积的虚拟滤液体积，m^3/m^2。将式(4-13)变形得：

$$\frac{\tau}{q} = \frac{1}{K}q + \frac{2}{K}q_e \tag{4-14}$$

式(4-14)表明：$\frac{\tau}{q}$ 与 q 成直线关系，其斜率为 $\frac{1}{K}$，截距为 $\frac{2}{K}q_e$。

在已知的过滤面积上，对待测的物料进行恒压实验，测出一系列时刻（τ）的累计滤液体积（V），并由此算出一系列 q 值，从而得出一组对应的 $\frac{\tau}{q}$ 与 q 值。在直角坐标系中，以 q 为横坐标，以 $\frac{\tau}{q}$ 为纵坐标，描点，作一直线，该直线的斜率为 $\frac{1}{K}$；截距为 $\frac{2}{K}q_e$。由此，可以求出过滤常数 K、q_e。再以 $\tau=0$，$q=0$ 代入式(4-12)，即可求出 τ_e 值。

三、实验装置与流程

如图 4-2 所示，将悬浮液在配料槽 1 中调匀后（基本上没有块状固体），放入贮浆槽

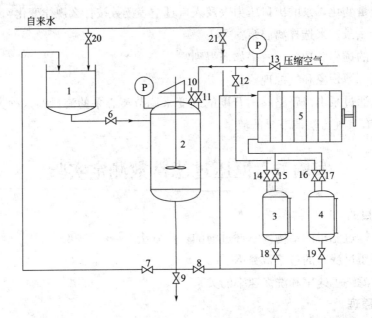

图 4-2　恒压过滤常数测定实验装置及流程

1—配料槽；2—储浆槽；3—洗水槽；4—滤液槽；5—板框过滤机；6—放料阀；7—返料阀；8—加料阀；
9—排污阀；10—放空阀；11—储浆槽压缩空气阀；12，13—压缩空气调节阀；14，16—洗水槽和滤液槽压缩空气阀；
15，17—洗水和滤液出口阀；18，19—洗水槽和滤液槽排污阀；20—配料水控制阀；21—洗水控制阀

2，并开动搅拌机，待压缩空气到指定压力时，在保持恒压下将料浆压入过滤机 5 中，滤液用计量桶计量。洗涤时，用压缩空气将洗水槽中定量的清水，按置换洗涤或横穿洗涤方式压入过滤机进行洗涤并计量洗涤时间。洗涤操作压力可由压力表和相应排气阀门进行观察和控制。

四、实验要求

对实验数据进行处理，做出 $\dfrac{\tau}{q}$-q 图，求出过滤常数 K、q_e、τ_e，或用线性回归法求出过滤常数 K、q_e、τ_e。

五、实验步骤及注意事项

1. 检查所有阀门，使其处于正常的开、关状态。

2. 按板框过滤机的安装要求组装板、框和滤布。务必将滤布铺平。

3. 配制滤浆（碳酸镁的质量分数为 3%～5%）。

4. 启动压缩机，调节稳压阀，使压力稳定在某一恒定值上。

5. 开动搅拌器，以防碳酸镁沉淀，影响实验。

6. 按操作要求进行实验。

7. 测量并记录数据。

8. 过滤完毕后进行滤饼的洗涤实验。

9. 实验完毕后，卸下滤饼，洗涤滤布，使设备恢复原状，以备下次实验时使用。

10. 实验结束时，务必将贮槽、管路中的滤浆冲洗干净，以免固体沉淀堵塞管路。

六、实验数据记录与处理

实验数据记录与处理见表 4-4。

表 4-4 恒压过滤常数测定实验数据记录

过滤面积 A：_____ m²；过滤压力差：_____ MPa

滤浆种类：_____；滤浆浓度：_____；滤浆温度：_____ ℃

序号	时间 τ/s	滤液量 V/m^3	$q/(m^3/m^2)$	$\tau/q/(s/m)$
1				
2				
3				
……				

七、思考题

1. 为什么过滤开始时，滤液会有一点浑浊，过一段时间才能澄清？

2. 实验数据中第一点有无偏高或偏低的现象？如何解释？如何对待第一点数据？

3. 滤浆浓度及过滤压力对 K 值有何影响？

4. 过滤压力加倍时，在同一过滤时间里，所得滤液量是否加倍？为什么？

5. 影响过滤速率的因素有哪些？

6. 横穿洗涤方式与置换洗涤方式有何不同？它们的洗涤速率与过滤终了速率有什么关系？

实验 7 传热系数测定实验

一、实验目的

1. 了解换热器的结构，学会换热器的操作方法。

2. 掌握圆形光滑直管（或圆形螺纹管）管外蒸汽冷凝，管内为空气强制对流时的总传热系数 K 值及对流传热膜系数 α_i 的测定方法。

3. 通过实验进一步明确强化传热过程的途径。

4. 了解并掌握热电偶和电位差计的使用及其测量温度的方法。

5. 学会用实验方法将所测实验数据整理成特征数关联式 $Nu = B Re^m$。

二、实验原理

1. 测定传热系数 K

本实验利用饱和水蒸气加热圆形直管（或圆形螺纹管）内强制对流的空气，其传热系数可由热衡算式及传热速率方程式求出。

传热速率基本方程：

$$Q = KA\Delta t_m \Rightarrow K = \frac{Q}{A\Delta t_m} \tag{4-15}$$

$$\Delta t_m = \frac{\Delta t_1 - \Delta t_2}{\ln\frac{\Delta t_1}{\Delta t_2}} \tag{4-16}$$

其中：$\qquad \Delta t_1 = T - t_1, \quad \Delta t_2 = T - t_2$

式中　K——总传热系数，$W/(m^2 \cdot \text{℃})$；

　　　A——传热面积，m^2；

　　Δt_m——对数平均传热温差，℃；

　　　T——饱和水蒸气温度，℃；

　　　Q——传热速率，W，既可以用热流体的放热速率计算，也可以用冷流体的吸热速率计算。

假设：设备保温良好（即无热量损失），水蒸气在饱和温度下排冷凝水，可得如下热量衡算方程：

$$Q = W_c C_{pc}(t_2 - t_1) = W_h r \tag{4-17}$$

式中　W_c，W_h——冷（空气）、热（蒸汽）流体的质量流量，kg/s；

　　　C_{pc}——冷（空气）流体的比热容，$J/(kg \cdot \text{℃})$；

　　t_1，t_2——冷流体（空气）的进口、出口温度，℃；

　　　r——饱和蒸汽的冷凝潜热，kJ/kg。

2. 测定对流传热系数 α_i

$$\frac{1}{K_0} = \frac{d_0}{\alpha_i d_i} + R_{si}\frac{d_0}{d_i} + \frac{\delta d_0}{\lambda d_m} + R_{s0} + \frac{1}{\alpha_0} \tag{4-18}$$

式中　d_0，d_i，d_m——换热管的外径、内径、内外直径的平均值，m；

　　　α_i，α_0——管壁对空气的给热系数、蒸汽对管壁的给热系数，$W/(m^2 \cdot K)$；

　　R_{si}，R_{s0}——管壁内、外侧表面上的污垢热阻，$m^2 \cdot K/W$；

　　　δ——管壁的厚度，m；

　　　λ——管壁的热导率，$W/(m \cdot K)$。

在蒸汽-空气换热系统中，若忽略管壁导热热阻、换热管两侧的污垢热阻，则传热系数 K 与对流传热系数 α_i 的关系为：

$$\frac{1}{K} \approx \frac{1}{\alpha_i} + \frac{1}{\alpha_0} \tag{4-19}$$

式(4-19)中，由于蒸汽冷凝给热系数远大于管壁对空气的给热系数，即 $\alpha_0 \gg \alpha_i$，则：

$$\alpha_i \approx K \tag{4-20}$$

3. 求 α_i 与 Re 的定量关系式

由量纲分析得到流动流体在无相变的稳定传热中，传热膜系数的一般特征数关系式为：

$$Nu = f(Re, Pr, Gr) \tag{4-21}$$

流体在圆形直管中呈强制湍流，自然对流的影响可忽略，又由于普朗特数 Pr 在所测数据范围内变化很小，故其给热系数符合下列特征数关系式：

$$Nu = BRe^m \tag{4-22}$$

式中　Nu——努赛尔数，$Nu = \dfrac{\alpha d}{\lambda}$；

Re——雷诺数，$Re = \dfrac{du\rho}{\mu}$；

Pr——普朗特数，$Pr = \dfrac{C_p\mu}{\lambda}$。

将式(4-22)两边取对数可知，$\lg Nu$ 与 $\lg Re$ 成正比关系。在双对数坐标中以 Nu 对 Re 作图应为一直线，由直线的斜率和截距可分别求得 B 和 m，从而确定 Nu 与 Re 之间的关系。

本实验通过调节空气的流量，测得对应的给热系数，然后将流量整理为雷诺数 Re，将给热系数整理为努赛尔数 Nu。再将所得的一系列 Nu-Re 数据，通过图解法或回归分析法，求得系数 B、m，进而得到努赛尔数 Nu 与雷诺数 Re 的经验公式。

二、实验装置与流程

本实验装置是由两套套管换热器组成，其中一内管是普通管，另一内管为内加螺纹线圈的管，如图4-3所示。

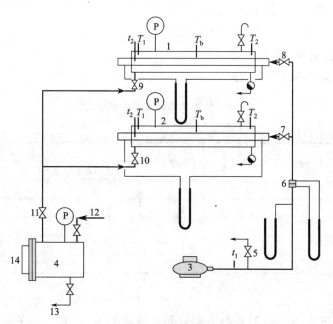

图 4-3 传热系数测定实验装置及流程

1—内光滑套管换热器；2—内螺纹套管换热器；3—旋涡式空气泵；4—蒸汽发生器；5—空气旁路调节阀；

6—孔板流量计；7, 8, 9, 10, 11—空气/蒸汽流量控制阀；12—加水阀；13—排污阀；14—液位计

冷流体（空气）：由旋涡气泵 3 输出，通过经控制空气旁路阀调剂空气流量，进入套管换热器 1（2）的内管，经换热后排出。

热流体（水蒸气）：蒸汽由蒸汽发生器 4（锅炉）供给，经总控制阀 11，再经分路控制阀 9（10）进入套管换热器的环隙空间，与空气进行热量交换后，冷凝液经疏水阀排至地沟，不凝气经放空阀放空。

空气的流量和操作压强由压差计测定；蒸汽压强由压力表显示；蒸汽、空气进口和出口温度及壁温分别由热电偶测定。

四、实验要求

1. 熟悉试验的操作方法，掌握流体温度、压力、流量的测定方法。

2. 测定有关数据并进行数据处理，整理出相关经验公式，绘出相应实验图表及曲线。

3. 对实验结果进行分析讨论。

五、实验操作步骤

1. 实验前应熟悉实验流程，做好实验准备工作。

2. 检查电源连接是否正确，风机、加热装置工作是否正常，设备密封是否良好。

3. 检查蒸汽发生器内水位是否符合要求。

4. 检查热电偶接触是否良好，冷却温度是否为 0℃。

5. 实验操作前应排除换热器内的不凝性气体。

6. 测取实验数据时应待操作稳定时记录数据，一组实验数据应连续记录，两组数据间应有一定的稳定时间。每组实验数据的测温点应始终保持不变，以减少系统误差。

7. 实验操作时应该注意安全，防止触电和烫伤。

8. 实验完毕后应关好电源、气源和水源。

六、实验数据记录与处理

实验数据记录与处理见表 4-5。

表 4-5　传热系数测定实验数据记录

管子规格：_____；管长：_____；孔板流量系数 C_0：_____；室温：_____℃

序号	空气流量计 R_1 /mmH₂O	进口空气压强 R_2 /mmH₂O	管子压降 R_3 /mmH₂O	热电偶温度示值							
				空气进口 t_1		空气出口 t_2		蒸汽 T		壁温 T_b	
				mV	℃	mV	℃	mV	℃	mV	℃
1											
2											
3											
……											

七、思考题

1. 为什么整理成 Nu-Re 特征数方程，而不整理成 Nu 与流量的关系？

2. 环隙间饱和蒸汽的压强发生变化，对管内空气给热系数的测量是否发生影响？

3. 影响总传热系数 K 的因素有哪些？

4. 在本实验中，如果恒定空气流量，改变水蒸气的流量，会有什么结果？

实验 8　筛板精馏塔全回流操作及塔板效率测定实验

一、实验目的

1. 了解筛板精馏塔的结构及精馏流程。

2. 熟悉筛板精馏塔的操作方法。

3. 掌握精馏塔全回流下塔板效率的测定方法。

二、实验原理

板式塔是使用量大、运用范围广、分离液体混合物的重要传质设备，评价塔性能的好坏，一般根据处理量、板效率、压力降、操作弹性和结构等因素。在板式精馏塔中，混合液的蒸气逐板上升，回流液逐板下降，汽液两相在塔板上层层接触，实现传质、传热双过程，从而达到分离目的。如果在某层塔板上，上升的蒸气与下降的液体处于平衡状态，则该塔板称为理论板。然而在实际操作中，由于塔板上的汽、液两相接触时间有限及板间返混等因素影响，使汽、液两相尚未达到平衡即离开塔板，一块实际塔板的分离效果达不到一块理论板的作用，因此精馏塔所需的实际板数比理论板数多，若实际板数为 N_P，理论板数为 N_T，则全塔效率 E：

$$E=\frac{N_T}{N_P} \tag{4-23}$$

理论板层数 N_T 的求法，可用 M-T 图解法。本实验是使用乙醇-水二元物系，在全回流条件下操作。则只需测定精馏塔顶馏出液组成、精馏塔釜液组成，就可用 M-T 图解法求得 N_T。实际板层数 N_P 已知，利用式(4-23)可求得塔效率 E。

若在相邻两块塔板上开有气样、液体取样口，则可通过测定气、液相组成 y_n、y_{n+1}、x_n、x_{n-1}，求得第 n 块塔板在全回流下的单板效率 E_{MV} 或 E_{ML}。

$$E_{MV}=\frac{y_n-y_{n+1}}{y_n^*-y_{n+1}} \tag{4-24}$$

$$E_{ML}=\frac{x_{n-1}-x_n}{x_{n-1}-x_n^*} \tag{4-25}$$

全回流时，$y_n=x_{n-1}$，$y_{n+1}=x_n$。

式中 y_n——离开第 n 块板的气相组成（摩尔分数）；

y_{n+1}——离开第 $(n+1)$ 块板的气相组成（摩尔分数）；

y_n^*——与 x_n 成平衡的气相组成（摩尔分数）；

x_{n-1}——离开第 $(n-1)$ 块板的液相组成（摩尔分数）；

x_n——离开第 n 块板的液相组成（摩尔分数）；

x_n^*——与 y_n 成平衡的液相组成（摩尔分数）。

三、实验装置与流程

本实验装置为一小型筛板塔（可做全回流和部分回流），流程如图4-4所示。原料液由原料泵2送入精馏塔4，在塔釜中被加热器5加热汽化，与回流液在每块塔板上进行传热与传质后，进入塔顶全凝器7，冷凝为饱和液体流入回流罐8。

全回流实验时（关闭塔顶采出转子流量计10前的阀门和塔底阀门17，原料是一次性加入精馏塔塔釜），冷凝后的液体全部经转子流量计9流回塔内。由取样口11和14，分别取得馏出液和釜液，并分析其组成，即可测得全回流时的全塔效率。

通过在精馏塔某相邻塔板上开有的取样口（如图中15、16或18、19）取样分析，可分别得到进入和离开某板的气相（阀15、16处）或液相（阀18、19处）组成，即可计算该板的气相（或液相）的单板莫弗里效率 E_{MV}（或 E_{ML}）。

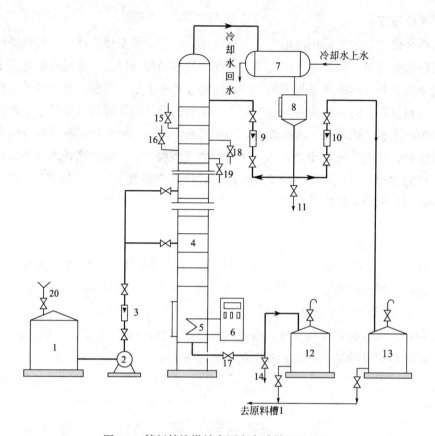

图 4-4　筛板精馏塔效率测定实验装置及流程

1—原料储槽；2—原料泵；3—原料流量计；4—板式精馏塔；5—加热器；6—控制屏；7—冷凝冷却器；

8—回流罐；9—塔顶回流液流量计；10—塔顶产品流量计；11，14，15，16，18，19—取样口；

12—塔釜产品储槽；13—塔顶产品储槽；17—塔釜产品排出阀；20—原料入口

四、实验要求

1. 根据塔顶及塔釜组成在 x-y 相图上用图解法求取全回流时的理论板数 N_T。

2. 计算全回流下的全塔效率 E_T。

五、实验操作步骤

1. 熟悉精馏塔的结构及精馏流程，并了解设备各部分的作用。

2. 检查精馏塔釜中料液量是否适当。一般釜中液面必须浸没电加热器，液面保持在液面计的 2/3 左右。

3. 釜内料液为乙醇水溶液，乙醇含量约 15%～20%（体积分数）。

4. 掌握液体比重天平（液体比重计或阿贝折光仪）的使用方法（见其使用说明书）。

5. 关闭加料口和全部取样口，打开冷凝器排气阀。

6. 全面检查装置无误后，开电热器加热升温。

7. 待塔釜溶液沸腾，注意观察塔釜、塔顶的温度变化，当塔顶第一块塔板有上升蒸气时关闭排气口，调好冷却水量在 60～100L/h 某一定值，用水量保持塔顶上升蒸气全部冷凝即可。

8. 在塔顶出现回流液（塔顶温度约在 78～80℃或灵敏板温度在 80℃左右）后应小心控制电热器的电压、电流，维持塔顶、塔釜温度及塔釜压力稳定。

9. 在全回流下，操作达到完全稳定后，从塔顶、塔釜同时取样。取样时应用少量样品冲洗样品瓶一二次，取样后将瓶盖盖紧，以避免样品挥发，将样品冷却到 20℃，用液体比重天平测定密度，查出相应浓度。

10. 实验完毕后，关闭加热器，切断电源，待釜温明显下降后，关闭冷凝器冷却水进口阀，恢复原状。

六、实验数据记录与处理

实验数据记录与处理如表 4-6 和表 4-7 所示。

表 4-6 筛板精馏塔全塔效率测定实验数据记录

精馏塔型：_____；塔内径：_____；板间距：_____；实际塔板数 N_P：_____ 块

分离物系：_____；回流温度 t_R：_____℃；回流比 R：_____

进料浓度（摩尔分数）x_F：_____%；进料温度 t_F：_____℃；进料流量 F：_____mol/h

序号	釜液组成		馏出液组成		理论板数 N_T	塔效率 E_T
	密度	x_w	密度	x_d		
1						
2						
3						

表 4-7 筛板精馏塔单板效率测定

样品	第($n-1$)板上浓度（摩尔分数）/%	第 n 板上浓度（摩尔分数）/%	第($n+1$)板上浓度（摩尔分数）/%	E_{MV} 或 E_{ML}/%
气相				
液相				

七、思考题

1. 全回流在精馏塔操作中有何实际意义？影响全塔效率的主要因素有哪些？

2. 本塔能否得到无水乙醇？增加塔板数能吗？

3. 精馏塔内从塔釜到塔顶温度和压力怎样变化？

4. 塔顶冷凝器冷却水量大小对操作有何影响？

实验 9　填料吸收塔吸收系数测定实验

一、实验目的

1. 了解填料吸收塔的结构与流程。

2. 了解吸收剂进口条件的变化对吸收操作结果的影响。

3. 掌握吸收总传质系数的测定方法。

二、实验原理

填料塔与板式塔内气液两相的接触情况有着很大的不同。在板式塔中，两相接触在各块塔板上进行，因此接触是不连续的。但在填料塔中，两相接触是连续地在润湿的填料表面进行，需计算的是完成一定吸收任务所需填料高度。填料层高度计算方法有传质系数法、传质单元法以及等板高度法。总体积传质系数 K_Ya 是单位填料体积、单位时间吸收的溶质量。它是反映填料吸收塔性能的主要参数，是设计填料高度的重要数据。

本实验是水吸收空气-丙酮混合气体中的丙酮或采用清水吸收空气-氨气混合气体中的氨。由于混合气体中丙酮或氨的浓度很低，因此吸收所得的溶液浓度不高，气-液两相的平衡关系可以认为服从亨利定律（即平衡线在 X-Y 坐标系为直线）。故可用对数平均浓度差法计算填料层传质平均推动力，相应的传质速率方程式为：

$$H = \frac{V}{K_Ya\Omega}\int_{Y_2}^{Y_1} \frac{dY}{Y-Y^*} = \frac{V}{K_Ya\Omega} \times \frac{Y_1-Y_2}{\Delta Y_m} \qquad (4\text{-}26)$$

故：

$$K_Ya = \frac{V}{\Omega H} \times \frac{Y_1-Y_2}{\Delta Y_m} \qquad (4\text{-}27)$$

式中：

$$\Delta Y_m = \frac{(Y_1-Y_1^*)-(Y_2-Y_2^*)}{\ln\dfrac{(Y_1-Y_1^*)}{(Y_2-Y_2^*)}} \qquad (4\text{-}28)$$

式中 H——填料层高度，m；

   V——单位时间内通过吸收塔的惰性气体流量，kmol/s；

K_Ya——总体积传质系数，$kmol/(m^3 \cdot h)$；

   Ω——填料塔截面积，m^2；

ΔY_m——气相对数平均浓度差；

 Y_1——气体进塔时的摩尔比；

 Y_1^*——与出塔液体 X_1 相平衡的气相摩尔比；

 Y_2——气体出塔时的摩尔比；

 Y_2^*——与进塔液体 X_2 相平衡的气相摩尔比。

三、实验装置与流程

本实验由填料塔、空气和氨气气源、稳压装置、吸收剂供用系统、连接管路和计量检测仪表及尾气分析系统等组成，其基本流程如图 4-5 和图 4-6 所示。主要设备参数见装置。

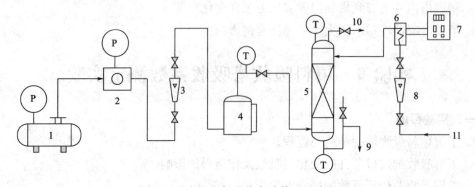

图 4-5   丙酮-空气吸收实验装置及流程

1—空压机；2—定压器；3—空气流量计；4—丙酮罐；5—填料塔；6—加热器；

7—控制屏；8—水流量计；9—吸收液出口；10—尾气出口；11—自来水

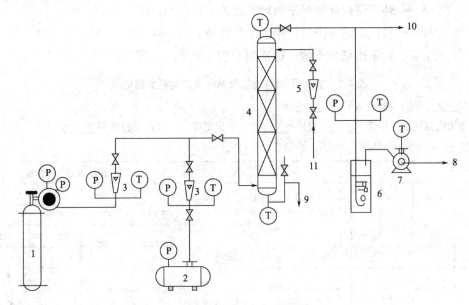

图 4-6　氨气-空气吸收实验装置及流程

1—氨气钢瓶；2—空压机或罗茨鼓风机；3—空气、空气流量计；4—填料塔；5—水流量计；6—尾气分析仪；

7—湿式流量计；8—硫酸吸收后尾气出口；9—吸收液出口；10—吸收塔尾气出口；11—自来水

四、实验要求

计算丙酮或氨气的吸收率 η 及吸收总传质系数 K_Ya，并找出其变化规律。

五、实验操作步骤

1. 先开吸收剂（水），再开启空气-丙酮或空气-氨气混合气系统，在维持填料塔稳定操作的状态下，按表 4-8 或表 4-9 要求测取相应的温度、压力和流量等数据，并对入口和出口混合气体取样进行化学或仪器分析及计算。

2. 在某一混合气体（或吸收剂）流量下，改变吸收剂（或混合气体）流率，测 3～5 组数据，在稳定的条件下分析测定或计算气体进口、出口浓度 Y_1、Y_2，记录其他各操作数据。

3. 对于丙酮吸收实验，还可开启液体加热器，改变吸收剂进口温度 3 次，重复实验（1～3）步骤。

4. 实验完成后，按顺序停车。

六、实验数据记录与处理

1. 实验数据记录

实验数据记录如表 4-8 和表 4-9 所示。

2. 数据处理方法

① 空气摩尔流量 V_{Air}(kmol/h) 的计算

$$V_{Air} = \frac{1}{22.4} C_R V_0 \frac{T_0}{p_0} \sqrt{\frac{p}{T} \times \frac{p_1}{T_1}} \tag{4-29}$$

式中　T_0，p_0——空气在标准状态下的温度、压力，K、Pa；

　　　T_1，p_1——空气在进入转子流量计前的温度、压力，K、Pa；

T、p——转子流量计的标定温度、压力，K、Pa；

V_0——空气在转子流量计中的流量示值，m^3/h；

C_R——转子流量计系数（可近似取为 1.00）。

表 4-8   空气-丙酮系统吸收系数测定实验数据记录

塔内径：_____mm；填料层高度：_____m

填料种类和规格性能：种类_____；$\varphi H\delta=$_____；堆积密度_____；比表面积_____

定值器压力：0.02～0.04MPa（表压，供参考，可自定）

序号	空气			水		入塔、出塔丙酮气体含量			
	流量计前表压/Pa	温度/℃	流量计示值/(m³/h)	流量/(L/h)	温度/℃	入塔		尾气	
						面积	Y_1	面积	Y_2
1									
2									
3									
……									

表 4-9   空气-氨气系统吸收系数测定实验数据记录

序号	空气			氨气			水		入塔、出塔氨气含量	
	流量计前表压/Pa	温度/℃	流量计示值/(m³/h)	流量计前表压/Pa	温度/℃	流量计示值/(m³/h)	流量/(L/h)	温度/℃	入塔	尾气
									Y_1	Y_2
1										
2										
3										
……										

② 混合气进出口浓度 Y_1、Y_2 的计算

a. 若采用空气-丙酮混合气体进行实验，进口和出口气体中的丙酮浓度 y_1、y_2 可由气相色谱仪分析测定，再按下式计算 Y_1、Y_2：

$$Y=\frac{y}{1-y} \tag{4-30}$$

b. 若采用空气-氨气混合气体进行吸收实验，进口混合气体中氨的浓度按式(4-31) 和式(4-32) 计算：

$$Y_1=\frac{V_{NH_3}}{V_{Air}} \tag{4-31}$$

$$V_{NH_3}=\frac{1}{22.4}\varphi C_R V_0^{NH_3}\frac{T_0}{p_0}\sqrt{\frac{p'}{T'}\times\frac{p_1'}{T_1'}}\sqrt{\frac{M_{Air}}{M_{NH_3}}} \tag{4-32}$$

式中 T_0，p_0——氨气在标准状态下的温度、压力，K、Pa；

T'，p'——转子流量计标定状态下的温度、压力，K、Pa；

T_1'，p_1'——氨气进入转子流量计前的温度、压力，K、Pa；

φ——氨气的纯度，%；

M_{Air}，M_{NH_3}——空气、氨气的相对分子质量；

$V_0^{NH_3}$——氨气在转子流量计中的流量示值，m^3/h；

C_R——转子流量计系数（可近似取为 1.00）。

尾气中的氨浓度采用酚酞为指示剂，以标定好的一定浓度稀硫酸溶液进行吸收中和，到达终点时（溶液变为粉红色），根据消耗的硫酸量和湿式流量计指示的气体体积，按式(4-33)计算尾气中氨的浓度：

$$Y_2 = 22.4\frac{c_{H_2SO_4}V_{H_2SO_4}}{1000\Delta V}\frac{T_{EX}}{273.15} \tag{4-33}$$

式中 $c_{H_2SO_4}$，$V_{H_2SO_4}$——硫酸溶液的摩尔浓度及硫酸体积用量，mol/L、mL；

T_{EX}——尾气气温，K；

ΔV——尾气（湿式）流量计读数差值，L。

③ 吸收剂出口溶质浓度 X_1 的计算

$$X_1 = \frac{V(Y_1-Y_2)}{L}+X_2 \tag{4-34}$$

式中 L——吸收剂（清水）用量，kmol/h；

X_2——吸收剂（清水）中溶质浓度，kmol/h。本实验中，$X_2=0$。

④ 平衡常数 m 及平衡浓度 Y^* 的计算

$$Y^* = \frac{mX}{1+(1-m)X} \tag{4-35}$$

$$m = \frac{E}{p_T} \tag{4-36}$$

对于丙酮： $E(丙酮)=2.20+0.015t+0.0001t^2 \tag{4-37}$

对于氨气： $E(NH_3)=2.20+0.015t+0.0006t^2 \tag{4-38}$

式中 t——吸收剂入、出塔的平均温度，℃；

p_T——为混合气体入塔（即塔底）总压，atm；

m，E——亨利常数。

七、思考题

1. 哪些因素会影响总吸收系数 K_Ya，如何影响？

2. 对于一个既定的吸收塔，可否允许在小于最小液气比的情况下操作？

3. 从实验数据分析吸收过程是气膜控制还是液膜控制？

4. 填料吸收塔塔底为什么有液封，液封是如何设计的？

5. 当吸收的液气比及空气流量不变时，若提高吸收塔进气的浓度，对操作结果有何影响？反之增加吸收剂入塔浓度又有何影响？

6. 若将吸收塔排出的吸收液全部或部分循环使用，会对吸收操作有何影响？

7. 本试验所测的为总吸收系数 K_Ya，此时气液两相的传质分系数 k_Ya 及 k_Xa 分别为若干？

8. 在测定相平衡常数时，为何要测定吸收液温度而不测入塔气相温度？

实验 10　干燥速率曲线测定实验

一、实验目的

1. 熟悉干燥设备构造和干燥工艺流程、工作原理。
2. 掌握测定物料干燥速率曲线的方法。
3. 了解影响干燥速率的基本因素。

二、实验原理

1. 干燥特性曲线

干燥操作是采用某种方式将热量传给湿物料，使湿物料中的水分汽化分离的操作。干燥操作同时伴有传热和传质，过程比较复杂，目前仍依靠实验测定物料的干燥速率曲线（因为干燥速率不仅取决于空气的性质和操作条件，而且还受物料性质结构以及所含水分性质的影响），并作为干燥器设计的依据。

干燥过程分为三个阶段，如图 4-7(a) 所示：Ⅰ. 物料预热阶段，在此阶段（图中 AB 段）物料被预热，直至物料表面的温度接近于热空气的湿球温度 t_w，物料含水量随时间变化不大；Ⅱ. 恒速干燥阶段（图中 BC 段），由于物料表面存有自由水分，物料表面温度等于空气湿球温度 t_w，传入的热量只用来蒸发物料表面的水分，物料含水量随时间成比例减少，干燥速率恒定且较大；Ⅲ. 降速干燥阶段（图中 CD 段），物料表面已无液态水存在，由于物料内部水分的扩散速率小于物料表面水分的汽化速率，不足以维持物料表面保持润湿，则物料表面将形成干区，温度升高，干燥速率开始降低，含水量越小，速率越慢，干燥曲线 CD 逐渐达到平衡含水量 X_C 而终止。Ⅱ与Ⅲ交点处的含水量称为物料的临界含水量 X_C，在图中物料含水量曲线对时间的斜率就是干燥速率 U，若将干燥速率 U 对物料含水量 X 进行标绘可得干燥速率曲线，如图 4-7(b) 所示。

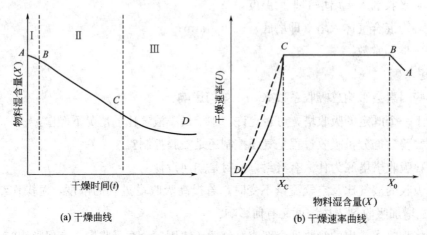

(a) 干燥曲线　　　　　　　　　(b) 干燥速率曲线

图 4-7　干燥特性曲线示意

干燥速率 U 为单位时间在单位干燥面积上汽化的水分量 W，可表示为：

$$U = \frac{dW}{A d\tau} \approx \frac{\Delta W}{A \Delta \tau}$$

(4-39)

式中　U——干燥速率，kg/（m² · s）；

A——被干燥物料汽化表面积，m²；

τ——干燥时间，s；

W——从干燥物料中汽化的水分量，kg。

2. 传质系数的求取

在恒定的干燥条件下，干燥过程既是传热过程也是一个传质过程，物料表面与空气之间的传热和传质速率可分别用下列式子表示：

$$dQ = rdW \tag{4-40}$$

$$U = \frac{dW}{Ad\tau} = \frac{dQ}{rAd\tau} = K_H(H_w - H) = \frac{\alpha(t - t_w)}{r_w} \tag{4-41}$$

$$K_H = \frac{\alpha(t - t_w)}{r_w(H_w - H)} \tag{4-42}$$

式中　Q——空气传给物料的热量，kJ；

τ——干燥时间，s；

A——干燥面积，m²；

α——空气至物料表面的传热膜系数，kW/（m² · K）；

t——空气温度，K；

t_w——湿物料表面温度（即空气的湿球温度），K；

W——由物料汽化至空气中的水分，kg；

K_H——以湿度差为推动力的传质系数，kg/（m² · s）；

H——空气的湿度，kg 水/kg 干空气；

H_w——t_w 时空气的饱和湿度，kg 水/kg 干空气；

r_w——t_w 时水的汽化潜热，kJ/kg。

根据式(4-42)，在已知空气向物料表面的传热膜系数 α 时，即可求取干燥过程的传质系数 K_H。

三、实验装置与流程

实验装置流程如图4-8所示。实验装置主要由风机1、（电）加热器4、温度控制器、干燥室9、管道等组成。空气经风机进入系统，经孔板流量计计量后送入加热器加热升温，再进入干燥室干燥物料。离开干燥室的尾气，经风量调节阀（蝶阀）再返回风机进口循环使用。空气温度由温度控制器自动控制，以保持空气温度的恒定。通过调节导电温度计可以调节进入空气温度的高低。空气湿度可由干燥室前的干、湿球温度计测定。加热空气流量可由蝶阀开度来调节。

本实验的湿物料采用特制的无胶纤维纸板，所以有较强的吸水性。操作时将纸板直接放在干燥室内的悬框上进行干燥。通过天平直接称量湿纸板的重量，计算出纸板在一定时间间隔内的失重，即为纸板在这一段时间内所蒸发的水分量。

四、实验要求

1. 绘制 X-U 关系曲线，并与教材中相应曲线对比。

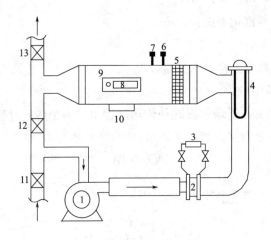

图 4-8　干燥实验装置及流程

1—风机；2—孔板流量计；3—差压变送器；4—电热器；5—气流均布器；6—干球温度计；

7—湿球温度计；8—干燥器箱门；9—厢式干燥器；10—称重天平；11，12，13—蝶阀

2. 计算传质系数 K_H，并与实测值比较，分析误差原因（选做）。

五、实验操作步骤

1. 实验前先将试样放在电热干燥箱内用 105℃左右的温度烘约 2h，冷却后称量，即为纸板的绝干质量 G_C。

2. 准确量取纸板的尺寸，以计算蒸发面积。

3. 将纸板放在容器内加水浸泡，让水分均匀扩散至整个纸板表面，注意浸水不能太多，否则纸板容易损坏。

4. 检查天平是否灵活，并配平衡，往湿球温度计加水，实验中还需要加水 1～2 次，以保证湿球的温度。

5. 必须在干燥系统的操作工况已维持基本恒定后，称取湿纸板重量，称重后应立即放入干燥室，同时开启第一块秒表开始第一个循环的计时，并在干燥室上面天平的右边托盘中减去 3g 砝码，待水分再干燥至天平指针指到平衡位置时，停第一块秒表，同时立即开动第二块秒表，以后再减少 3g 砝码，如此往复进行，当最后一个时间间隔超过 6min，即可结束实验。

6. 实验过程中，不定时观测风机出口温度 $T_出$、干燥室前温度 t_1、湿球温度 t_w、干燥室温度 t_2，以观察干燥过程是否恒定。

7. 干燥循环空气的操作温度应控制在 75℃左右，温度过高易烧坏电机。

8. 任何时候都不允许将蝶阀完全关闭，否则，将会烧坏电机。

9. 实验完毕，关电源开关、加热器开关及拉下电闸，将干燥试样从干燥室物料架取下并放入玻璃干燥器中，清扫实验场地。

六、实验数据记录与处理

1. 实验数据记录

实验数据记录见表 4-10。

表 4-10 干燥速率曲线测定实验数据记录

试样名称：_____；试样绝干质量：G_C＝_____；试样尺寸：_____；试样初始质量：_____

干燥室前温度 t_1＝_____；干燥室后干球温度 t_2＝_____

干燥室后湿球温度 t_w＝_____；空气流量计指示差压：_____

序号	湿质量 G_{si}/g	时间间隔 $\Delta\tau$/s	湿质量差 ΔW/g	干燥速率 U/[kg/(m²·s)]	干基含水量	间隔平均含水量 /X_m
1						
2						
3						
……						

2. 实验数据处理

① 干燥速率曲线绘制　干燥速率可按 $U=\dfrac{\Delta W}{A\Delta\tau}$ 计算，其中：湿物料质量差 ΔW 可由相邻两次称量的湿物料质量相减得出：

$$\Delta W = G_{si} - G_{s(i-1)} \tag{4-43}$$

因为此处所得的干燥速率 U 是在 $\Delta\tau$ 时间间隔的平均干燥速率，所以与之对应的物料干基含水量应为 X_m。X_m 可按式（4-44）计算：

$$X = \frac{X_i + X_{i+1}}{2} \tag{4-44}$$

式中：

$$X_i = \frac{G_{si} - G_C}{G_C} \tag{4-45}$$

据此，在直角坐标纸上描出 U-X_m 曲线。

② 传质系数的求取　因在恒定干燥条件下，空气的湿度、温度、流速以及与物料接触方式均保持不变，故随空气条件而定的 α 和 K_H 亦保持恒定值。所以可由式（4-42）求取 K_H，其中 α 值可按下式求取：

$$\alpha = 0.0204 \times L^{0.8} \tag{4-46}$$

$$L = \frac{V_S\rho}{F} \tag{4-47}$$

式中　L——空气的质量流量，kg/(m²·s)，对于静止物料，空气流动方向平行于物料表面时，L 控制在 0.7～0.85kg/(m²·s) 较为适宜；

　　V_S——流经孔板的空气体积流量，m³/s，可按孔板流量计的公式计算；

　　ρ——流经孔板的空气密度，kg/m³，可按理想气体状态方程计算；

　　F——干燥室的流通截面积，m²，可经现场实际测定。

七、思考题

1. 测定干燥速率曲线的意义何在？

2. 在 70～80℃的空气气流中干燥经过相当长的时间，能否得到绝对干料？

3. 利用干、湿球温度计测定空气的湿度时，为什么要求空气必须有一定流速？多少为宜？

4. 有一些物料在热气流中干燥，希望热气流相对湿度要小，而有一些物料则要在相对湿度较大些的热气流中干燥，这是为什么?

5. 为什么在操作中要先开鼓风机送气，而后再通电加热?

6. 测定干燥速率曲线必须在恒定条件下进行，恒定条件是什么?

7. 讨论恒定干燥条件下空气的温度和风速对干燥速率有什么影响? 如果有条件可以通过实验证实。

第五章 化工原理提高实验

实验 11 固体流态化实验

一、实验目的
1. 观察二维床内散式流态化与聚式流态化的实验现象。
2. 测定液-固和气-固系统的 Δp-u 关系曲线。

二、实验原理
当流体通过颗粒床层时，随着流速的增大，床层体积逐渐膨胀，固体颗粒由静止转变为上下翻动，形成"流化床"。

当液体通过颗粒床层形成流态化时，由于液体与颗粒的密度相差不大，床层颗粒的扰动随着流量的增加平缓增加，且均布在液体中，并有稳定的上界面，此即"散式流态化"。若固体颗粒层用气体形成流态化，因气体与固体的密度相差很大，气流要将颗粒推起比较困难，所以只有少部分气体在颗粒间通过，大部分气体则形成气泡穿过床层。气泡在上升过程中相互合并，逐渐变大，到达床层顶部时破裂而将该处颗粒溅散，使床层上界面起伏波动。床层内颗粒则很少分散开来单独各自运动而是聚集成团，被气泡推起或挤开，此即"聚式流态化"。此外，若操作不当，流化床还会产生诸如"腾涌"、"沟流（偏流）"等不稳定现象。

流体通过颗粒床层的压降 Δp 与流体的空速 u 之间存在着一定的变化规律，可由试验测定，并以 Δp-u 关系表示。

三、实验装置与流程
液-固系统和气-固系统流态化实验装置及流程如图 5-1 所示。

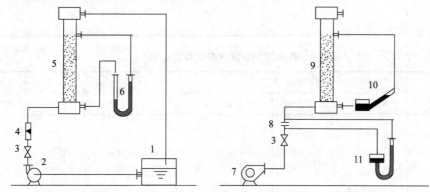

图 5-1 液（气）-固体系统流态化实验装置流程示意

1—水槽；2—水泵；3—流量控制阀；4—转子流量计；5—液固流化床；6—U 形压差计；
7—风机；8—孔板流量计；9—气固流化床；10—斜管压差计；11—单杯压差计

四、实验操作步骤

1. 液-固流化系统

（1）对水泵盘车，检查并确认水泵旁通阀在开启位置，关闭转子流量计前的流量调节阀。

（2）启动水泵，缓慢打开流量调节阀（注意：水流量不宜过大，以防止固体颗粒随水溢出）。

（3）在水流过二维床的溢流阀后，打开 U 形压差计上的放气螺丝，将差压计内水位调整至合适位置，再拧紧螺丝。

（4）在 U 形压差计量程范围内做 8~10 次测定，同时记录下流量和差压计示值。测定时注意观察"散式流态化"实验中的运动变化情况。

2. 气-固流化系统

（1）检查和校正倾斜压差计的零位。

（2）开启风机旁通阀，关闭空气流量调节阀。

（3）启动风机，缓慢打开空气调节阀，当气量过小时，用旁通阀进行调节（注意：气量不宜过大，以防颗粒喷出）。

（4）作 8~10 次测定，并记录两个差压计的示值，将倾斜压差计示值换算为流量。测定时注意观察"聚式流态化"在实验中的运动变化情况。

（5）停风机。

五、实验数据记录与处理

1. 记录原始数据，见表 5-1 和表 5-2。

2. 进行数据处理并在坐标纸上绘制液-固及气-固系统的 Δp-u 关系曲线。

表 5-1　液-固流态化实验记录

序号	转子流量计示值 $Q/(L/h)$	床层高度 Z/mm	U 形管压降示值 R/mm
1			
2			
3			
4			
5			
6			
7			
8			
9			

表 5-2　气-固流态化实验记录

序号	孔板流量计		床层高度 Z/mm	斜管压降示值 R/mm
	单杯压差计示值 R/mm	风量 $Q/(m^3/h)$		
1				
2				
3				
4				
5				
6				
7				
8				
9				

六、思考题

1. 何谓"聚式流态化"？何谓"散式流态化"？它们的基本特征是什么？
2. 固体流态化时具有哪些基本表现？
3. 提高流态化质量的常用措施有哪些？何谓"内生不稳定性"？
4. 广义流态化和狭义流态化的各自含义是什么？
5. 气力输送有哪些主要优点？

实验12　填料吸收塔流体力学和传质性能综合测定实验

Ⅰ　填料吸收塔流体力学性能的测定

一、实验目的

1. 了解填料塔的基本构造和操作方法。
2. 掌握填料塔流体力学性能的表示方法及填料层压降的测定技术。

二、实验原理

在逆流操作的填料塔内，液体从塔顶喷淋下来，依靠重力作用在填料表面成膜状下流，液膜与填料表面的摩擦及液膜与上升气体的摩擦构成了液膜流动阻力，形成了填料层的压降。很显然，填料层压降与液体喷淋量及气速有关，在一定的气速下，液体喷淋量越大，压降越大；在一定的液体喷淋量下，气速越大，填料层的压降也越大。将不同液体喷淋量下的单位高度填料层的压降 $\Delta p/Z$ 与空塔气速 u 的关系标绘在对数坐标纸上，可得到如图 5-2 所示的曲线簇。图中，直线 0 表示无液体喷淋（$L=0$）时干填料的 $\Delta p/Z$-u 关系，称为干填料压降线。曲线 1、2、3 表示不同液体喷淋量下填料层的 $\Delta p/Z$-u 关系，称为填料操作压降线。

从图 5-2 中可看出，在一定的喷淋量下，压降随空塔气速的变化曲线大致可分为三段：当气速低于 A 点时，气体流动对液膜的曳力很小，液体流动不受气流的影响，填料表面上覆盖的液膜厚度基本不变，因而填料层的持液量不变，该区域称为恒持液量区。此时 $\Delta p/Z$-u 为一直线，位于干填料压降线的左侧，且基本上与干填料压降线平行。当气速超过 A 点时，气体对液膜的曳力较大，对液膜流动产生阻滞作用，使液膜增厚，填料层的持液量随气速的增加而增大，此现象称为拦液。开始发生拦液现象时的空塔气速称为载点气速，曲线上的转折点 A，称为载点。若气速继续增大，到达图中 B 点时，由于液体不能顺利下流，使填料层的持液量不断增大，填料层内几乎充满液体。气速增加很小便会引起压降的剧增，此现象称为液泛，开始发生液泛现象时的

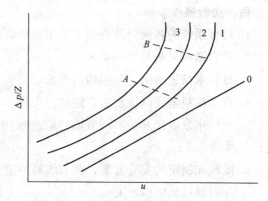

图 5-2　$\Delta p/Z$-u 关系曲线

气速称为泛点气速，以 u_F 表示，曲线上的点 B，称为泛点。从载点到泛点之间的区域称为载液区，泛点以上的区域称为液泛区。

实验中，固定液体喷淋密度，改变气速，读取测压段高度 Z 内的压降值，即可获得单位高度填料层压降 $\Delta p/Z$ 与空塔气速 u 的关系曲线，由该曲线可确定载点和泛点。

应予指出，在同样的气液负荷下，不同填料的 $\Delta p/Z$-u 关系曲线有所差异，但其基本形状相近。对于某些填料，载点与泛点并不明显，故上述三个区域间无截然的界限。

三、实验装置与流程

本实验的基本流程与主体设备如图 5-3 所示，采用水-空气系统进行实验数据测定，实验中有效填料层高度为 2m，填料塔内径为 300mm，填料可在 ϕ25mm 塑料扁环、ϕ25mm 阶梯环或 25mm 矩鞍环等填料中自行选择装填，亦可采用波纹丝网或螺旋宝塔形等其他填料进行实验。

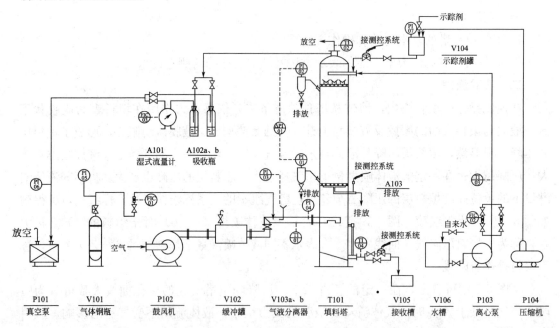

图 5-3　填料吸收塔的流体力学和传质性能综合测定实验装置与流程

T—温度；P—压力；F—流量；I—显示；C—调节

四、实验操作步骤

1. 检查系统的各阀门是否处于关闭状态，将系统的各阀门关闭。

2. 开启微机采集与控制系统。

3. 打开水槽进水阀，向水槽内供水。

4. 打开填料塔底部排水主管路的出水阀。

5. 开启水泵电源开关，调节填料塔进水阀，将液体流量计调节到最大开度，使填料层充分润湿 5min。

6. 按预先制定的实验方案，调节填料塔进水阀，将液体流量调节到实验需要值。

7. 开启鼓风机电源开关。

8. 调节填料塔进气阀，按预先制定的实验方案，将气体流量调节到实验需要值。

9. 调节填料塔底部排水主管路的出水阀，观察填料塔的液面计，维持液位在液面计的约 1/2 高度处。

10. 稳定 10～15min 后，开始采集、读取实验数据。

11. 采集、读取实验数据完成后，调节填料塔进气阀，改变气速，重复 8～10 的测试过程。

12. 实验过程中，要注意观察填料层的压降值，若气速变化很小，而填料层的压降值急剧上升，表明填料层已开始液泛，在液泛点以上应取 1～2 个实验点。在液泛点以上进行实验时，稳定时间要短，读取数据要快。

13. 同一液体流量下，应选取 6 个以上气速。然后，改变液体流量，重复 6～12 的测试过程。对于一种塔填料，其流体力学性能测定可选取 0、12、20、40、60m³/(m² · h) 几个液体喷淋密度（学生实验选 2～3 个液体喷淋密度）。

五、注意事项

1. 实验过程中，要注意观察液体流量计的转子，出现波动及时调节，以维持液体流量的稳定。

2. 实验过程中，要注意观察填料塔的液面计，维持液位在液面计的约 1/2 高度处。出现波动及时调节，既要有一定的液位形成液封，又要防止液位过高，液体流入气体系统。

3. 实验过程中，要注意观察水槽的液位，以防止水泵抽空或水从水槽溢出。

六、实验数据记录与处理

1. 绘制 $\Delta p/Z$-u 关系曲线

由实验数据绘制出如图 5-2 所示单位高度填料层压降 $\Delta p/Z$ 与空塔气速 u 关系曲线图。

2. 确定泛点气速 u_F 和泛点压降 $\Delta p_F/Z$

由 $\Delta p/Z$-u 关系曲线图，确定泛点，并读取泛点气速和泛点压降值，列于表 5-3。

表 5-3 填料的泛点气速和泛点压降

液体喷淋密度 $U/[m^3/(m^2 \cdot h)]$				
泛点气速 $u_F/(m/s)$				
泛点压降 $(\Delta p_F/Z)/(Pa/m)$				

3. 计算填料因子

采用 Eckert 通用压降关联图，计算出填料的泛点填料因子 Φ_F 和压降填料因子 Φ_P，计算结果列于表 5-4。

表 5-4 填料因子 Φ_F、Φ_P

液体喷淋密度 $U/[m^3/(m^2 \cdot h)]$			
泛点气速 $u_F/(m/s)$			
泛点压降 $(\Delta p_F/Z)/(Pa/m)$			

泛点填料因子 Φ_F 和压降填料因子 Φ_P 通常关联成以下形式：

$$\lg \Phi_F = A_F + B_F \lg U \tag{5-1}$$

$$\lg \Phi_P = A_P + B_P \lg U \tag{5-2}$$

式中　　　　U——液体喷淋密度，$m^3/(m^2 \cdot h)$；

A_F，B_F，A_P，B_P——关联式常数。

七、思考题

1. 填料吸收塔底为何必须有液封装置，本实验中如何进行液封？

2. 何谓"载点"，何谓"泛点"，工业操作中的填料塔，其空塔气速应控制在什么范围？

3. 干填料（$L=0$ 时）层的压降可采用哪个经验方程进行表示或估算？

Ⅱ　填料吸收塔传质单元高度的测定

一、实验目的

1. 了解填料塔的基本构造和操作方法。

2. 掌握填料塔传质性能的表示方法及传质性能的测定技术。

二、实验原理

填料的传质性能可以用液相传质单元高度 H_{OL} 及液相传质系数 $K_L a$ 表示，亦可用气相传质单元高度 H_{OG} 及气相传质系数 $K_G a$ 表示，二者的测试方法有所不同。研究中，通常以气相传质单元高度 H_{OG} 来表示填料的传质性能。

填料的气相传质单元高度 H_{OG} 的测定通常以空气-氨-水为物系，通过水吸收氨的过程，测定在不同液体喷淋密度下，气相传质单元高度 H_{OG} 与气体流量的关系。测定过程在已知内径和填料层高度的填料塔中进行。通过测定气体、液体流量和进、出口气体的组成，然后依据下列各式即可计算出气相传质单元高度 H_{OG}：

$$S = \frac{mV}{L} \tag{5-3}$$

$$Y_2^* = mX_2 \tag{5-4}$$

$$N_{OG} = \frac{1}{1-S} \ln\left[(1-S)\left(\frac{Y_1 - Y_2^*}{Y_2 - Y_2^*}\right) + S \right] \tag{5-5}$$

$$H_{OG} = \frac{Z'}{N_{OG}} \tag{5-6}$$

式中：　L——液体摩尔流量，kmol（水）/h；

V——气体摩尔流量，kmol（空气）/h；

m——相平衡常数，无量纲；

X_2——液体进塔组成，kmol（氨）/kmol（水），纯溶剂 $X_2 = 0$；

Y_1——气体进塔组成，kmol（氨）/kmol（空气）；

Y_2——气体出塔组成，kmol（氨）/kmol（空气）；

Y_2^*——与 X_2 成平衡的气相组成，kmol（氨）/kmol（空气）；

S——脱吸因子；

Z'——填料层高度，m；

N_{OG}——气相传质单元数；

H_{OG}——气相传质单元高度，m。

三、实验装置与流程

本实验的基本流程与主体设备如图 5-3 所示，采用氨和空气混合气-水系统进行实验数据测定，实验中有效填料层高度为 2m，填料塔内径为 300mm，填料可在 $\phi25mm$ 塑料扁环、$\phi25mm$ 阶梯环或 25mm 矩鞍环等填料中自行选择装填，亦可采用波纹丝网或螺旋宝塔形等其他填料进行实验。

四、实验操作步骤

1. 检查系统的各阀门是否处于关闭状态，将系统的各阀门关闭。

2. 开启微机采集与控制系统。

3. 打开水槽进水阀，向水槽内供水。

4. 打开填料塔底部排水主管路的出水阀。

5. 开启水泵电源开关，调节填料塔进水阀，将液体流量计调节到最大开度，使填料层充分润湿 5min。

6. 按预先制定的实验方案，调节填料塔进水阀，将液体流量调节到实验需要值。

7. 开启鼓风机电源开关。

8. 调节填料塔进气阀，按预先制定的实验方案，将气体流量调节到实验需要值。

9. 打开氨气瓶减压阀，维持氨气出口压力 0.4MPa（表压）左右。

10. 打开氨气流量计进口阀，调节氨气流量，维持填料塔进气组成在 0.3%～0.5%（摩尔分数）左右。

11. 调节填料塔底部排水主管路的出水阀，观察填料塔的液面计，维持液位在液面计的约 1/2 高度处。

12. 取 2～5mL 盐酸标准溶液于吸收瓶中，加入 1～2 滴甲基橙指示剂，再加入蒸馏水若干，使溶液没过进气管底部的球泡。将吸收瓶装入系统。

13. 稳定 15～20min 后，开始采集、读取实验数据。

14. 开启真空泵电源开关，从塔顶采集气样。气样先引入置换瓶中，置换 2～3min 后，再将气样引入吸收瓶中，进行滴定分析，滴定至终点后立即关闭进气阀和真空泵电源开关。

15. 采集、读取实验数据完成后，调节填料塔进气阀，改变气速，重复 8～14 的测试过程。实验过程中，要注意观察填料层的压降值，若气速变化很小，而填料层的压降值急剧上升，表明填料层已开始液泛，在液泛点以上应取 1～2 个实验点。在液泛点以上进行实验时，稳定时间要短，读取数据要快。

16. 在同一液体流量下，应选取 6 个以上气速。然后，改变液体流量，重复 6～16 的测试过程。对于一种塔填料，其传质性能测定可选取 6、15、30、45m³/（m²·h）几个液体喷淋密度（学生实验选 1～2 个液体喷淋密度）。

五、实验注意事项

1. 实验过程中，要注意观察液体流量计的转子，出现波动及时调节，以维持液体流量的稳定。

2. 实验过程中，要注意观察氨气流量计的转子，出现波动及时调节，以维持填料塔进气组成的稳定。

3. 实验过程中，要注意观察填料塔的液面计，维持液位在液面计的约 1/2 高度处。出现波动及时调节，既要用一定的液位形成液封，又要防止液位过高，液体流入气体系统。

4. 塔顶气样分析过程中，盐酸标准溶液的量要

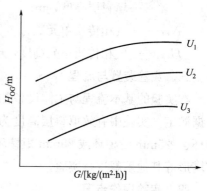

图 5-4　H_{OG}-G 关系曲线

根据液体喷淋密度的大小选取，当液体喷淋密度较小时，出口气样中氨的含量较高，盐酸标准溶液的量应适当多取；当液体喷淋密度较大时，出口气样中氨的含量较低，盐酸标准溶液的量应适当少取。

5. 实验过程中，要注意观察水槽的液位，以防止水泵抽空或水从水槽溢出。

六、实验数据记录与处理

1. 绘制 H_{OG}-G 关系曲线

由实验数据，可绘制出气相传质单元高度 H_{OG} 与气体质量速度 G 的关系曲线图，如图 5-4 所示。

2. 对 H_{OG}-G、U 的关系进行关联

气相传质单元高度 H_{OG} 和气体质量流速 G、液体喷淋密度 U 的关系通常关联成以下形式：

$$H_{OG} = AG^m U^n \tag{5-7}$$

式中　　G——气体质量速度，kg/(m² · h)；

　　　　U——体喷淋密度，m³/(m² · h)；

A，m，n——关联式常数。

七、思考题

1. 对于气膜控制的吸收过程，H_{OG} 主要与什么因素有关？

2. H_{OG} 反映的主要物理意义是什么？

3. 传热过程所述的传热单元长度 L_0 与传质过程的传质单元高度 H_{OG} 有何类似？

Ⅲ　填料塔中液相轴向混合特性的测定

一、实验目的

1. 了解填料塔的基本构造和操作方法。

2. 掌握填料塔液相轴向混合特性的表示方法及液相轴向返混参数的测定技术。

二、实验原理

在填料塔中，流体的流动通常是非平推流流动，亦即在流动的方向上存在着流体质点的混合，该种混合称为轴向混合，简称返混。返混的存在，使得传质推动力减小，传质效率降低。轴向混合可分为液相轴向混合和气相轴向混合两类，其中液相轴向混合对传质效

率的影响较大，故在研究中，通常测定填料塔的液相轴向混合特性。

描述填料塔液相轴向混合的数学模型有两类，即单参数模型和多参数模型。但参数模型将造成液相轴向混合的诸因素归结为液相中的扩散影响，采用单一参数 Pe 来表征有液相轴向混合特型，该模型的数学表达式如下：

$$D_e \frac{\partial^2 C}{\partial x^2} - u \frac{\partial C}{\partial x} = \frac{\partial C}{\partial t} \tag{5-8}$$

写成无量纲形式为：

$$\frac{1}{Pe} \frac{\partial^2 C}{\partial Z^2} - \frac{\partial C}{\partial Z} = \frac{\partial C}{\partial \theta} \tag{5-9}$$

式中　D_e——液相中溶质扩散系数，m^2/s；

　　　C——溶质浓度，mol/L；

　　　u——流体流速，m/s；

　　　x——流体在 x 轴向的位移，m；

　　　t——时间，s；

　　　Z——无量纲位移；

　　　θ——无量纲时间；

　　　Pe——反应液相轴向混合特性参数，称为轴向返混参数，亦称为贝克来（Peclet）数，$Pe = ux/D_e$。Pe 越大，表明液相轴向混合作用越小。

轴向返混参数 Pe 的估计有矩量法、传递函数法、时间域最小二乘法等不同的方法，本实验采用时间域最小二乘法估计轴向返混参数 Pe。实验填料塔可视为半无限体系，在此条件下式(5-9)的解为：

$$C(t, \tau, Pe) = \frac{1}{2\tau} \left(\frac{Pe\tau^3}{\pi t^3} \right)^{1/2} \exp\left[-\frac{Pe\tau}{4t} \left(1 - \frac{t}{\tau} \right)^2 \right] \tag{5-10}$$

实验中，以氯化钾饱和溶液作为示踪剂。示踪剂以 δ 脉冲方式加入塔顶，与水混合后经液体分布器分布流入填料层。在填料层底部设置液体收集器，通过电极检测示踪剂的浓度，再经电导仪以及计算机采集系统采集数据，绘出停留时间分布曲线，采用全线拟合法，将实验数据与式(5-10)拟合，即可求得轴向返混参数 Pe。

三、实验装置与流程

本实验的基本流程与主体设备如图 5-3 所示，采用水-空气系统进行实验数据测定，实验中有效填料层高度为 2m，填料塔内径为 300mm，填料可在 φ25mm 塑料扁环、φ25mm 阶梯环或 25mm 矩鞍环等填料中自行选择装填，亦可采用波纹丝网或螺旋宝塔形等其他填料进行实验。

四、实验步骤

1. 检查系统的各阀门是否处于关闭状态，将系统的各阀门关闭。

2. 开启微机采集与控制系统。

3. 打开示踪剂储罐上方的加料阀，将配制好的氯化钾饱和溶液加入到示踪剂储罐，关闭加料阀。

4. 打开水槽进水阀，向水槽内供水。

5. 打开填料塔底部排水主管路的水阀。

6. 将连接电极的排水侧管路的出水阀开到约 1/3 开度。

7. 开启水泵电源开关，调节填料塔进水阀，将液体流量计调节到最大开度，使填料层充分润湿 5min。

8. 按预先制定的实验方案，调节填料塔进水阀，将液体流量调节到实验需要值。

9. 开启鼓风机电源开关。

10. 调节填料塔进气阀，按预先制定的实验方案，将气体流量调节到实验需要值。

11. 调节填料塔底部排水管路的出水阀，观察填料塔的液面计，维持液位在液面计的约 1/2 高度处。

12. 稳定 10～15min 后，开启压缩机电源开关，给示踪剂储罐加压到 0.4MPa（表压）左右。

13. 开启加入示踪剂的电磁阀开关，向塔内注入示踪剂，开始采集、读取实验数据。

14. 采集、读取实验数据完成后，调节填料塔进气阀，改变气速，重复 1～13 的测试过程。

15. 实验过程中，要注意观察填料层的压降值，若气速变化很小，而填料层的压降值急剧上升，表明填料层已开始液泛，在液泛点以上应取 1～2 个实验点。在液泛点以上进行实验时，稳定时间要短，读取数据要快。

16. 在同一液体流量下，应选取 6 个以上气速。然后，改变液体流量，重复 8～15 的测试过程。对于一种塔填料，其液相轴向混合特性的测定可选取 6、15、30、45m³/(m²·h) 几个液体喷淋密度（学生实验选 1～2 个液体喷淋密度）。

五、注意事项

1. 实验过程中，要注意观察液体流量计的转子，出现波动及时调节，以维持液体流量的稳定。

2. 实验过程中，要注意判断示踪剂储罐内氯化钾饱和溶液的量，当氯化钾饱和溶液的量较少时要及时补充。

3. 实验过程中，要注意观察填料塔的液面计，维持液位在液面计的约 1/2 高度处。出现波动及时调节，既要有一定的液位形成液封，又要防止液位过高，液体流入气体系统。

4. 实验过程中，要注意观察水槽的液位，以防止水泵抽空或水从水槽溢出。

六、实验数据记录与处理

1. 绘制 Pe-Re_G 关系曲线

由实验数据，可绘制出轴向返混参数 Pe 与气相雷诺数 Re_G 的关系曲线图，如图 5-5 所示。

2. Pe-Re_G、Re_L 关系的关联

轴向返混参数 Pe 和气相雷诺数 Re_G、液相雷诺数 Re_L 的关系通常关联成下形式：

$$Pe=ARe_G^m Re_L^n \tag{5-11}$$

式中　Re_G——气相雷诺数；

Re_L——液相雷诺数；

A，m，n——关联式常数。

七、思考题

1. 如何推导气相或液相的轴向混合模型？

2. 贝克来数的物理意义是什么？

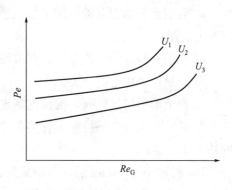

图 5-5　Pe-Re_G 关系曲线

Ⅳ　填料塔中填料持液量的测定

一、实验目的

1. 了解填料塔的基本构造和操作方法。

2. 掌握填料塔持液量的表示方法及持液量的测定技术。

二、实验原理

填料塔的持液量是指在一定操作条件下，单位体积填料层内，在填料表面和填料空隙中所积存的液体之体积量，通常以 m^3 液体/m^3 填料表示。一般来说，适当的持液量对填料塔的操作稳定性和传质是有益的，但持液量过大，将减少填料层的空隙和气相流通截面，使压降增大、处理能力下降。

持液量可分为静持液量 H_S、动持液量 H_0 和总持液量 H_t。总持液量为动持液量和静持液量之和，即：

$$H_t = H_0 + H_S \tag{5-12}$$

总持液量是指在一定操作条件下存留于填料层中的液体总量。动持液量是指填料塔停止气液两相进料，并经适当时间的排液，直至无滴液时排出的液体量，它与填料、液体特性及气液负荷相关。静持液量是指当填料被充分润湿后，停止气液两相进料，并经适当时间的排液，直至无滴液时存留于填料层的液体量。静持液量只取决于填料和流体的特性，与气液负荷无关。

持液量的测定通常测定动持液量。实验中，固定液体喷淋密度、改变气速，在一定操作条件下进行实验。当稳定后，同时停止气液两相进料，并经适当时间的排液，直至无滴液，计量排出液体的量，即可获得填料层动持液量与气速的关系。

三、实验装置与流程

本实验的基本流程和主体设备如图 5-3 所示。

实验系统的介质为空气-水，实验中填料塔的内径为 300mm，有效塔高为 2.0m。实验时，可采用 ϕ25mm 塑料扁环、阶梯环、25mm 金属矩鞍环、ϕ25mm 宝塔螺旋填料等非规整型和波纹网丝规整型填料进行数据测定。

四、实验操作步骤

1. 检查系统的各阀门是否处于关闭状态，将系统的各阀门关闭。

2. 开启微机采集与控制系统。

3. 打开水槽进水阀，向水槽内供水。

4. 打开填料塔底部排水主管路的出水阀。

5. 开启水泵电源开关,调节填料塔进水阀,将液体流量计调节到最大开度,使填料层充分润湿 5min。

6. 按预先制定的实验方案,调节填料塔进水阀,将液体流量调节到实验需要值。

7. 开启鼓风机电源开关。

8. 调节填料塔进气阀,按预先制定的实验方案,将气体流量调节到实验需要值。

9. 调节填料塔底部排水主管路的出水阀,观察填料塔的液面计,维持液位在液面计的约 1/2 高度处。

10. 稳定 10~15min 后,开始采集、读取实验数据。打开连接排液电磁阀管路的出水阀,同时关闭排水主管路的出水阀。

11. 准确标记液面计的液位高度,并同时关闭排液电磁阀、鼓风机电源、水泵电源。

12. 经适当时间(一般取 20min)后,打开填料塔底部排水主管路的出水阀,排出液体至液面计的标记处,计量排出液体的量。

13. 重新启动实验装置,调节填料塔进气阀,改变气速,重复 8~12 的测试过程。

14. 实验过程中,要注意观察填料层的压降值,若气速变化很小,而填料层的压降值急剧上升,表明填料层已开始液泛,在液泛点以上应取 1~2 个实验点。在液泛点以上进行实验时,稳定时间要短,读取数据要快。

15. 同一液体流量下,应选取 6 个以上不同气速值。然后,改变液体流量,重复 6~14 的测试过程。对于同一种塔填料,其持液量的测定可选取 6、15、30、45m³/(m²·h) 几个液体喷淋密度(学生实验时,可选 2~3 个液体喷淋密度)。

五、实验注意事项

1. 实验过程中,要注意观察液体流量计的转子,出现波动及时调节,以维持液体流量的稳定。

2. 实验过程中,要注意观察填料塔的液面计,维持液位在液面计的约 1/2 高度处。出现波动及时调节,既要有一定的液位形成液封,又要防止液位过高,液体流入气体系统。

3. 实验过程中,要注意观察水槽的液位,以防止水泵抽空或水从水槽溢出。

六、实验数据记录与处理

1. 绘制 H_0-G 关系曲线

由实验数据,可绘制出持液量 H_0 与气体质量速度 G 的关系曲线图,如图 5-6 所示。

2. H_0-G、U 关系的关联

持液量 H_0 与气体质量速度 G、液体喷淋密度 U 的关系通常关联成以下形式:

$$H_0 = AG^m U^n \qquad (5\text{-}13)$$

式中 G——气体质量速度,kg/(m²·h);

U——液体喷淋密度,m³/(m²·h);

A、m、n——关联式常数。

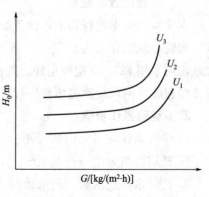

图 5-6 H_0-G 关系曲线

七、思考题

1. 如何测定填料的静持液量，试进行实验设计。填料的静持液量大小与哪些主要因素有关？

2. 一定操作条件下，动持液量的大小说明什么问题？

实验 13　板式精馏塔部分回流操作及塔板效率测定实验

一、实验目的

1. 熟悉精馏单元操作过程的设备与流程。

2. 了解板式塔的结构与流体力学性能。

3. 掌握精馏塔的操作方法与原理。

4. 掌握精馏塔全塔效率和单板效率的测定方法，了解回流比对精馏塔分离效率的影响。

二、实验原理

1. 全塔效率 E_T

全塔效率 E_T 又称总板效率，是指达到指定分离效果所需理论板数与实际板数的比值，即：

$$E_T = \frac{N_T - 1}{N_P} \tag{5-14}$$

式中　N_T——完成一定分离任务所需的理论塔板数，包括蒸馏釜；

　　　N_P——完成一定分离任务所需的实际塔板数，本装置 $N_P = 10$。

全塔效率简单地反映了整个塔内塔板的平均效率，说明了塔板结构、物性系数、操作状况对塔分离能力的影响。对于塔内所需理论塔板数 N_T，可由已知的双组分物系平衡关系，以及实验中测得的塔顶、塔釜出液的组成，回流比 R 和热状况 q 等，用图解法求得。图解梯级法又称 McCabe-Thiele 法，其原理与逐板计算法完全相同，只是将逐板计算过程在 y-x 图上直观地表示出来。具体方法可参阅《化工原理》教材。

需要注意的是：在精馏塔的实际操作时，为了保证上升气流能完全冷凝，冷却水量一般都比较大，回流液温度往往低于泡点温度，即冷液回流。在此情况下，精馏段操作线的回流比 R 需按下式计算：

$$R = \frac{L\left[1 + \dfrac{C_p(t_L - t_R)}{r}\right]}{D} \tag{5-15}$$

式中　t_L、t_R——塔顶馏出液对应的饱和（平衡）温度、实际冷液回流温度，℃；

　　　r——回流液组成下的汽化潜热，kJ/kmol；

　　　C_p——回流液在 t_L 与 t_R 平均温度下的平均比热容，kJ/(kmol·℃)；

　　　L——回流液流量，kmol/h；

　　　D——塔顶馏出液流量，kmol/h；

　　　R——回流比。

2. 单板效率 E_M

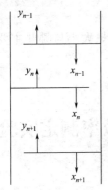

图 5-7　塔板气液流向示意

单板效率又称莫弗里板效率，如图 5-7 所示，是指气相或液相经过一层实际塔板前后的组成变化值与经过一层理论塔板前后的组成变化值之比。

按气相组成变化表示的单板效率 E_{MV} 为：

$$E_{MV} = \frac{y_n - y_{n+1}}{y_n^* - y_{n+1}} \qquad (5\text{-}16)$$

按液相组成变化表示的单板效率 E_{ML} 为：

$$E_{ML} = \frac{x_{n-1} - x_n}{x_{n-1} - x_n^*} \qquad (5\text{-}17)$$

式中　y_n，y_{n+1}——离开第 n、$n+1$ 块塔板的气相组成（摩尔分数），%；

　　x_{n-1}，x_n——离开第 $n-1$、n 块塔板的液相组成（摩尔分数），%；

　　y_n^*——与 x_n 成平衡的气相组成（摩尔分数），%；

　　x_n^*——与 y_n 成平衡的液相组成（摩尔分数），%。

因此，实验过程通过测定相邻两块塔板的上升气相或下降液相组成，即可计算单板效率 E_{ML} 或 E_{MV}。

3. 精馏塔的正常与稳定操作

精馏塔从开车到正常操作是一个从不稳定、不正常到正常的渐进过程。塔内的浓度分布从不正常到正常，则还将会经历一个"逆行分馏"过程，因为刚开车时塔板上没有液体，蒸气直接穿过干板到达冷凝器，被冷凝成液体后再返回塔内第一块塔板，并与上升的蒸气接触，而后逐板溢流至塔釜。因为首先返回塔釜的液体经过的板数最多，从而经过的汽液平衡次数也最多，显然首先到达最底下一块塔板的液体其轻组分的含量会低一些，这就是"逆行分馏"现象。从"逆行分馏"到正常精馏，需要较长的转换时间，对实验室的精馏装置，这一转换时间至少需要 30min 以上。而对于实际生产装置，转换时间有可能超过 2h。所以精馏塔从开车到稳定、正常操作的时间必须保证在 30min 以上。精馏塔是否进入正常、稳定操作状态，还必须经过采样分析才知道。如果在同一采样点连续三次采样分析（至少两次，间隔 10min 以上）结果均相近，则可以认为已进入正常、稳定操作状态。

4. 维持精馏塔正常稳定操作的条件

（1）根据给定的工艺要求（进料流量、组成及产品分离要求）严格维持物料平衡　若总物料不平衡，进料量大于出料量，会引起淹塔；反之，若出料量大于进料量则会导致塔釜干料。从精馏的物料衡算方程：

$$F = D + W \qquad (5\text{-}18)$$

$$Fx_F = Dx_D + Wx_W \qquad (5\text{-}19)$$

可以导出：

$$D/F = \frac{x_F - x_W}{x_D - x_W} \qquad (5\text{-}20)$$

及

$$W/F = 1 - D/F \qquad (5\text{-}21)$$

式中 F——精馏塔进料流量，kmol/h；

D——塔顶馏出液流量，kmol/h；

W——塔釜残液流量，kmol/h；

x_F——精馏塔进料中溶质的摩尔分数，％；

x_D——塔顶馏出液中溶质的摩尔分数，％；

x_W——塔釜残液中溶质的摩尔分数，％。

式(5-18)～式(5-21)说明，在 F、x_F、x_D、x_W 一定的情况下，还应严格保证馏出液 D 和釜液 W 的采出率满足组分衡算的要求。如果采出率 D/F 过大，即使精馏塔有足够的分离能力，在塔顶仍不能取得合格的产品。

(2) 根据设计要求，严格控制回流量 在塔板数一定的情况下对于精馏操作必须有足够的回流比，才能保证有足够的分离能力来取得符合工艺要求的产品。要取得合格的产品，必须严格控制回流量（$L=RD$），以保证足够的回流比。

(3) 严格控制精馏塔内的气液两相负荷量，避免发生不正常的操作现象 漏液、雾沫夹带与液泛是精馏塔常见的非正常操作现象。板式塔的正常操作工况有三种，即鼓泡工况、泡沫工况和喷射工况。大多数精馏塔均在前两种工况下操作。因此，正常操作时板上的鼓泡层高度应控制在板间距的 1/3 以内，最多不超过 1/2，否则会影响塔板的分离效率，严重时会导致干板或者淹塔，使塔无法正常操作。操作时，塔内的两相负荷量可以通过调节塔釜的加热负荷与塔顶的冷却水量来控制。

(4) 严格控制塔压降 塔板压降可以反映塔内的流体力学状况，根据压降的变化可以及时调整塔的加热负荷与冷却水量，以控制塔的稳定正常操作。在实际生产中塔板压降还可以反映塔板上的结构变化（如结垢、堵塞、腐蚀等），尽早了解，以便及时处理。

(5) 严格控制灵敏板温度 灵敏板是指温度随组成变化最大的塔板。精馏操作因为物料不平衡和分离能力不够所造成的产品不合格现象，可首先通过灵敏板温度的变化来预测，然后采取相应的措施以保证产品的合格率。所以，严格控制灵敏板的温度是保证精馏过程稳定操作的有效措施。

5. 产品不合格时的调节方法

(1) 由于物料不平衡而引起的不正常现象及调节 在操作过程中，要求维持总物料的平衡是比较容易的，但要求保证组分的物料平衡则比较困难，因此精馏过程常常会处于物料的不平衡条件下操作。

在正常情况下，对于精馏过程应有：$Dx_D=Fx_F-Wx_W$。

① 如果在 $Dx_D>Fx_F-Wx_W$ 情况下操作，显而易见，随着过程的进行，塔内轻组分将大量流失，重组分逐步积累，致使操作日趋恶化。表观现象是：塔釜温度合格，塔顶温度逐渐升高，塔顶产品不合格，严重时馏出液会减少，造成这一现象的直接原因是：

A. 塔釜与塔顶产品的采出比例不当，即此时 $D/F>(x_F-x_W)/(x_D-x_W)$；

B. 进料组成有变化，轻组分含量下降。

处理方法是：

如果是原因 A，可在维持加热负荷及进料量 F 不变的同时，减少塔顶采出量 D；或在维持加热负荷及进料量 F 不变的同时，加大塔底采出量 W；也可在维持加热负荷及塔釜采出量 W 不变的同时，减小进料量 F。如果是原因 B，若进料组成的变化不大，调节方法同原因 A；如果进料组成的变化较大，则需改变回流量或调整进料位置。

② 如果在 $Dx_D < Fx_F - Wx_W$ 情况下操作，则恰与情况①相反，其表观现象是：塔顶合格而塔釜温度下降，塔釜采出不合格。造成的直接原因是：

A. 塔釜与塔顶产品的采出比例不当，即此时 $D/F < (x_F - x_W)/(x_D - x_W)$；

B. 进料组成有变化，轻组分含量上升。

处理方法是：

如果是原因 A，可维持回流比不变，加大塔顶采出，同时应增加加热和冷却负荷，必要时还可适当减少进料量，使过程在向 $Dx_D > Fx_F - Wx_W$ 方向进行的趋势下操作一段时间，待塔顶温度下降至规定值时，再调节操作参数使过程在 $Dx_D = Fx_F - Wx_W$ 的状态下操作；如果是原因 B，亦可按上述原因 A 的处理方法进行调节，必要时还可调整进料板的位置。

(2) 生产条件的变化而引起的不正常操作的调节　人为因素或偶然因素导致进料量的变化（可由进料的流量计看出）引起的不正常操作，可直接调节进料阀门的开度使之恢复正常。如果是生产需要有意改变进料量，则应以维持生产的连续稳定操作为目标进行调节，使过程仍然处于 $Dx_D = Fx_F - Wx_W$ 的状态下操作。

(3) 进料温度的变化引起的不正常操作的调节　进料温度的变化对精馏过程的分离效果有直接影响，因为它会直接影响到塔内的上升蒸气量，易使塔处于不稳定操作状况，严重时还会发生跑料现象。如果不及时调节，后果是严重的，发生此类状况，主要是通过调整加热负荷来解决。

(4) 进料组成的变化引起的不正常操作的调节　进料组成的变化引起的不正常操作的调节方法同 (1)，但这种不正常现象不如进料量的变化那样容易被发觉（要待分析进料组成时才可能知道）。当操作数据上有反映时，往往会滞后，因此如何能及时发觉并及时处理在精馏操作中是经常要遇到的问题，应引起高度重视。

三、实验装置与流程

本实验装置的主体设备是筛板精馏塔，配套的有加料系统、回流系统、产品出料管路、残液出料管路、进料泵和一些测量、控制仪表。

筛板塔主要结构参数：塔内径 $D=68$mm，塔板厚度 $\delta=2$mm，塔节 $\Phi76\times4$，塔板数 $N=10$ 块，板间距 $H_T=100$mm。加料位置由下向上起数第 4 块和第 6 块。降液管采用弓形、齿形堰，堰长 56mm，堰高 7.3mm，齿深 4.6mm，齿数 9 个。降液管底隙 4.5mm。筛孔直径 $d_0=1.5$mm，正三角形排列，孔间距 $t=5$mm，开孔数为 74 个。塔釜为内电加热式，加热功率 2.5kW，有效容积为 10L。塔顶冷凝器、塔釜换热器均为盘管式。单板取样为自下而上第 1 块和第 10 块，开口朝上的为气相取样口（图 5-8 中的 15、16），开口朝下（或水平开口，图 5-8 中的 18、19）的为液相取样口。

本实验料液为乙醇-水溶液，釜内液体由电加热器产生蒸汽逐板上升，经与各板上的液体传质后，进入盘管式换热器壳程，冷凝成液体后再从回流罐流出，一部分作为回流液

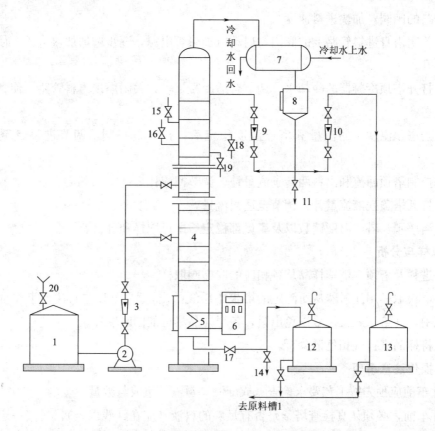

图 5-8　板式精馏塔部分回流操作实验装置与流程

1—原料储槽；2—原料泵；3—原料流量计；4—板式精馏塔；5—加热器；6—控制屏；7—冷凝冷却器；

8—回流罐；9—塔顶回流液流量计；10—塔顶产品流量计；11，14，15，16，18，19—取样口；

12—塔釜产品储槽；13—塔顶产品储槽；17—塔釜产品排出阀；20—原料入口

从塔顶流入塔内，另一部分作为产品采出，进入产品储罐；残液经釜液转子流量计流入釜液储罐。精馏装置的基本结构和流程如图 5-8 所示。

四、实验内容及要求

1. 对 15％～20％的乙醇-水溶液进行精馏分离，使 $x_D \geqslant 92\%$，$x_W \leqslant 3\%$（均以质量分数表示），$D > 500\text{mL}$。

2. 将塔顶、塔底温度和组成，以及各流量计读数等原始数据列表。

3. 测定正常稳定操作情况下，连续精馏的实际回流比、总板效率、加热量、冷却水量及采出率。

4. 按图解法计算部分回流下的精馏塔理论板数。

5. 计算实验选定的某块塔板的单板效率。

五、实验操作步骤

1. 部分回流精馏操作

（1）配制浓度 10％～20％（体积分数）的料液加入储罐中，打开进料管路上的阀门，由进料泵将料液打入塔釜，观察塔釜液位计高度，进料至釜容积的 2/3 处。进料时可以打开进料旁路的闸阀，加快进料速度。

（2）关闭塔身进料管路上的阀门，启动电加热管电源，逐步增加加热电压，使塔釜温度缓慢上升。

（3）打开塔顶冷凝器的冷却水，调节合适冷凝量，并关闭塔顶出料管路，使整塔处于全回流状态。

（4）当塔顶温度、回流量和塔釜温度稳定后，打开进料阀，调节进料量至适当的流量。

（5）控制塔顶回流和出料两转子流量计，调节回流比 R（$R=1\sim4$）。

（6）打开塔釜残液流量计，调节至适当流量。

（7）当塔顶、塔内温度读数以及流量都稳定后即可取样和分析。

2. 取样与分析

（1）进料及塔顶、塔釜样品从各相应的取样阀取样。

（2）塔板取样用注射器从所测定的塔板中缓缓抽出，取 1mL 左右注入事先洗净烘干的针剂瓶中，并给该瓶盖标号以免出错，各个样品尽可能同时取样。

（3）将样品进行气相色谱分析。

六、操作注意事项

1. 开车前应预先按工艺要求检查（或配制）料液的组成与数量。

2. 开车前，必须认真检查塔釜是否有足够的料液（应在红线以上）；料液一定要加到设定液位 2/3 处方可打开加热管电源，否则塔釜液位过低会使电加热丝露出干烧而导致损坏。

3. 塔顶放空阀一定要打开，否则容易因塔内压力过大导致危险。

4. 因塔中部玻璃部分较为脆弱，若加热过快玻璃极易碎裂，使整个精馏塔报废，故升温过程应尽可能缓慢。

5. 预热开始后要及时开启冷却水阀和塔顶排气考克，利用上升蒸汽将不凝气排出塔外；当釜液加热至沸腾后，需严格控制加热量。

6. 开车时首先必须全回流操作以便尽快建立起塔板上稳定的气液两相接触状况。

7. 注意必须在全回流操作状况完全稳定以后才能转入部分回流操作，进入部分回流操作时，要预先选择好回流比的大小和加料口位置。

8. 操作中应保证物料的基本平衡，塔釜内的液面应维持不变。

9. 操作时必须严格注意塔釜压强和灵敏板温度的变化，以便及时进行调节控制，保持精馏过程的稳定正常操作。

10. 取样应在稳定操作的同时进行，塔顶、塔釜应同时取样，取样量应以满足分析的需要为度，取样过多会影响塔内的稳定操作。分析用过的样液应倒回原料储罐或废液回收槽内。

11. 停车时，应先停进、出料，再停加热系统，经过 4~6min 后再停冷却水，使塔内余气尽可能被冷凝下来。

七、实验数据记录与处理

实验数据记录见表5-5和表5-6。

精馏塔型：_____；实际塔板数 N_P：_____块；分离物系：_____；进料浓度（摩尔分数）x_F：_____%；进料温度 t_F：_____℃；进料流量 F：_____mol/h；回流温度 t_R：_____℃；回流比 R：_____

表5-5 板式塔部分回流精馏实验数据记录

序号	塔顶样品		塔底样品		理论板数	全塔效率 η_T/%
	温度/℃	浓度（摩尔分数）/%	温度/℃	浓度（摩尔分数）/%	N_T	
1						
2						
3						
4						

表5-6 板式塔部分回流精馏过程单板效率测定

样品	第$(n-1)$板上浓度（摩尔分数）/%	第n板上浓度（摩尔分数）/%	第$(n+1)$板上浓度（摩尔分数）/%	E_{ML}或E_{MV}/%
气相				
液相				

八、思考题

1. 采用连续精馏操作能否测定总板效率？如果可以，应怎样进行？如果不可以，为什么？

2. 怎样才能保证精馏塔的正常、稳定操作？

3. 怎样才能及时发现产品质量的不合格？其可能的原因是什么？操作上应如何调节？

4. 什么叫灵敏板？在精馏操作中它起什么作用？

5. 在精馏操作中，塔釜压力为什么是一个重要参数？它与哪些因素有关？它的变化反映了什么问题？

6. 采用冷液进料时，若进料量太大，会导致什么后果？应如何调节？

7. 怎样操作才能提高精馏塔的产量？

8. 增加回流比的方法有哪些？怎样操作最合适？

9. 如何根据全回流的数据，为部分回流操作选择一个合适的回流比和进料位置？

10. 常压操作的含义是什么？对于常压操作的精馏塔，其塔顶压力一定是常压吗？为什么？

11. 精馏塔的冷凝器和再沸器的形式与精馏塔的理论塔板数有什么关系？与芬斯克方程的表达形式又有什么关系？

12. 精馏塔一定都有冷凝器和再沸器吗？如果不一定，请画出相应流程图。

13. 对于精馏操作，冷液、泡点与露点三种进料形式，哪一种能耗最低？为什么？

14. 精馏塔为什么要保温？

15. 精馏塔有哪些非正常操作现象？产生的原因是什么？表观现象是什么？它对操作有什么影响？应如何避免？

16. 全回流时测得板式塔上第 n、$n-1$ 层液相组成后，如何求得 x_n^*，部分回流时，又如何求 x_n^*？

17. 在全回流时，测得板式塔上第 n、$n-1$ 层液相组成后，能否求出第 n 层塔板上的以气相组成表示的单板效率 E_{MV}？

18. 若测得单板效率超过 100%，作何解释？

实验 14   转盘萃取塔操作与传质单元高度测定实验

一、实验目的

1. 了解液-液萃取设备的结构和特点。

2. 掌握液-液萃取塔的操作。

3. 掌握传质单元高度的测定方法，并分析外加能量对液-液萃取塔传质单元高度和通量的影响。

二、实验原理

1. 液-液萃取设备的特点

液-液相传质和气-液相传质均属于相间的传质过程。因此这两类传质过程具有相似之处，但也有相当差别。在液-液系统中，两相间的重度差较小，界面张力也不大，所以从过程进行的流体力学条件看，在液-液相的接触过程中，能用于强化过程的惯性力不大，同时已分散的两相，分层分离能力也不高。因此气-液接触效率较高的设备，用于液-液接触就会显得效率不高。为了提高液-液相传质设备的效率，常常补给能量，如搅拌、脉冲振动等。为使两相逆流和分相分离，需要分层段，以保证足够的停留时间，让分散的液相凝聚，实现两相的分离。

2. 液-液萃取的操作

(1) 分散相的选择   在萃取塔中，为了使两相密切接触，其中一相充满设备中的主要空间，连续流动，称为连续相；另一相以液滴的形式，分散在连续相中，称为分散相。哪一相作为分散相，对设备的操作性能、传质效果有显著的影响。分散相的选择可通过小试或中试确定，也可根据以下几个方面考虑。

① 为了增加相际接触面积，一般将流量大的一相作为分散相；但如果两相的流量相差很大，并且所选用的萃取设备具有较大的轴向混合现象，此时应将流量小的一相作为分散相，以减小轴向混合。

② 应充分考虑界面张力变化对传质面积的影响，对于 $d\sigma/dx > 0$ 的系统，即系统的界面张力随溶质浓度增加而增加的系统，当溶质从液滴向连续相传递时，液滴的稳定性较差，容易破碎，而液膜的稳定性较好，液液不易合并，所以形成的液滴平均直径较小，相际接触面积较大；当溶质从连续相向液滴传递时，情况刚好相反。在设计液液传质设备时，根据系统性质正确选择作为分散相的液体，可在同样条件下获得较大的相际传质表面

积，强化传质过程。

③ 对于某些萃取设备，如填料塔和筛板塔等，连续相有限润湿填料或筛板是相当重要的。此时宜将不易润湿填料或筛板的一相作为分散相。

④ 分散相液滴在连续相中的沉降速度，与连续相的黏度有很大关系。为了减小塔径，提高两相分离的效果，应将黏度大的一相作为分散相。

⑤ 从成本、安全考虑，应将成本高、易燃、易爆物料作为分散相。

（2）液滴的分散　为了使一相作为分散相，必须将其分散为液滴的形式。一相液体的分散，亦即液滴的形式，必须使液滴有一个适当的大小。因为液滴的尺寸不仅关系到相际接触面积，而且影响传质系数和塔的流通量。

较小的液滴，固然相际接触面积较大，有利于传质；但是过小的液滴，其内循环消失，液滴的行为趋于固体球，传质系数下降，对传质不利，所以，液滴尺寸对传质的影响必须同时考虑这两方面的因素。

此外，萃取塔内连续相所允许的极限速度（泛点速度）与液滴的运动速度有关，而液滴的运动速度与液滴的尺寸有关。一般较大的液滴，其泛点的速度较高，萃取塔内允许有较大的流通量；相反，较小的液滴，其泛点的速度较低，萃取塔允许的流通量也较低。

液滴的分散可以通过以下几个途径实现：

① 借助喷嘴或孔板，如喷洒塔和筛孔塔；

② 借助塔内的填料，如填料塔；

③ 借助外加能量，如转盘塔、振动塔、脉动塔、离心萃取塔等，液滴的尺寸除与物性有关外，主要决定于外加能量的大小。

（3）萃取塔的操作　萃取塔在开车时，应首先将连续相注满塔中，然后开启分散相，分散相必须经凝聚后才能自塔内排出。因此当轻相作为分散相时，应使分散相不断在塔内分层段凝聚，当两相界面维持相当高度时再开启分散相出口阀门，并依靠重相出口的 U 形管自动调节界面高度。当重相作为分散相并不断在塔底的分层段凝聚时，两相界面应维持在塔底分层段的某一位置上。

3. 液-液相传质设备内的传质

与精馏、吸收过程类似，由于过程的复杂性。萃取过程也被分解为理论级和级效率；或传质单元数和传质单元高度，对于转盘塔、振动塔这类微分接触的萃取塔，一般采用传质单元数和传质单元高度来处理。

（1）萃取过程的传质单元数和传质单元高度　传质单元数表示过程分离难易的程度，对于稀溶液，传质单元数可近似用下式表示：

$$N_{OR} = \int_{x_2}^{x_F} \frac{\mathrm{d}x}{x - x^*} = \frac{x_F - x_2}{\Delta x_{Rm}} \tag{5-22}$$

或

$$N_{OR} = \int_{c_2^m}^{c_F^m} \frac{\mathrm{d}c^m}{c^m - c^{*m}} = \frac{c_F^m - c_2^m}{\Delta c_{Rm}^m} \tag{5-23}$$

式中　　　N_{OR}——以萃取相为基准的总传质单元数；

　　　　　x，c^m——萃取相中溶质的浓度，mol%、wt%；

x^*，c^{*m}——与萃取相中溶质浓度构成平衡的萃余相中溶质的浓度，mol%、wt%；

x_F，x_2 及 c_F^m，c_2^m——进塔原料液和出塔的萃余相溶质浓度，分别以 mol% 及 wt% 表示；

Δx_{Rm}，Δc_{Rm}^m——萃余相中溶质对数平均浓度，mol%、wt%；$\Delta x_{Rm} = \dfrac{(x_F - x_F^*) - (x_2 - x_2^*)}{\ln \dfrac{x_F - x_F^*}{x_2 - x_2^*}}$、$\Delta c_{Rm}^m = \dfrac{(c_F^m - c_F^{*m}) - (c_2^m - c_2^{*m})}{\ln \dfrac{c_F^m - c_F^{*m}}{c_2^m - c_2^{*m}}}$

x_F^*，c_F^{*m}——与出塔萃取相中溶质浓度构成平衡的萃余相中溶质浓度，mol%、wt%；

x_2^*，c_2^{*m}——与入塔萃取相中溶质浓度构成平衡的萃余相中溶质浓度，mol%、wt%。

传质单元高度表示设备传质性能的好坏，可由下式表示：

$$H_{OR} = \frac{H}{N_{OR}} \tag{5-24}$$

已知塔高 H 和传质单元数 N_{OR}，可由上式求得 H_{OR} 的数值。H_{OR} 反映萃取设备传质性能的好坏。H_{OR} 越大，设备效果越低，影响萃取设备传质性能 H_{OR} 的因素很多，主要有设备结构、两相物性、操作条件以及外加能量的形式和大小等因素。

本实验采用苯甲酸-煤油-水萃取系统，已知苯甲酸在煤油-水中的质量平衡常数（即分配系数）$k = 2.30$。

故：

$$c_E^m = kc_R^{m*} \tag{5-25}$$

其中，E 表示萃取相；R 表示萃余相；m 表示质量浓度，$*$ 表示平衡浓度。

又对连续稳定的萃取塔有：

$$F(c_F^m - c_R^m) = S(c_E^m - c_{E_0}^m) \tag{5-26}$$

则

$$c_E^m = \frac{F}{S}(c_F^m - c_R^m) + c_{E_0}^m \tag{5-27}$$

由萃取塔的全塔物料衡算方程：

$$F(c_F^m - c_2^m) = S(c_{E_1}^m - c_{E_0}^m) \tag{5-28}$$

可计算得到出塔萃取相溶质浓度 $c_{E_1}^m$：

$$c_{E_1}^m = \frac{F}{S}(c_F^m - c_2^m) + c_{E_0}^m \tag{5-29}$$

式中 $c_{E_0}^m$，$c_{E_1}^m$，c_E^m——入塔、出塔、任一位置萃取相中溶质的质量分数，%。

若进塔煤油中不含苯甲酸，则：

$$c_{E_0}^m = 0 \tag{5-30}$$

又由萃取过程的平衡关系式(5-25) 可求出：

$$c_F^{*m} = \frac{1}{k}c_{E_1}^m \tag{5-31}$$

及

$$c_2^{*m} = \frac{1}{k}c_{E_0}^m \tag{5-32}$$

于是，由式（5-22）或式（5-23）即可求出 N_{OR}，由式（5-24）即可求出 H_{OR}。

（2）萃取效率的计算

定义萃取效率：
$$\eta=\frac{c_F^m-c_2^m}{c_F^m}\times100\%\tag{5-33}$$

由于 c_2^m 随着操作条件如连续相（水相）流量 $\bar{\omega}$ 而改变，故可求出 η-$\bar{\omega}$ 的关系，并由此测得本实验中萃取最佳效率点 η_{opt}，及相应工况下的最大通量或液泛速度。

4. 外加能量的问题

液-液传质设备引入外界能量促进液体分散，改善两相流动条件，这些均有利于传质，从而提高萃取效率，降低萃取过程的传质单元高度。但应该注意，过度的外加能量将大大增加设备内的轴向混合，减小过程的推动力，此外过度分散的液滴将削弱滴内循环，这些均是外加能量带来的不利因素。权衡利弊，外加能量应适度，对于某一具体萃取过程，一般应通过试验寻找合适的能量输入量。

5. 液泛

在连续逆流萃取操作中，萃取塔的通量取决于连续相容许的线速度，其上限为最小的分散相液滴处于相对静止状态时的连续相流率。这时塔刚处于液泛点。在试验操作中，连续相的流速应在液泛流速下。为此，需要有可靠的液泛数据，一般这是在中试设备中用实际物料试验测得的。

三、实验装置与流程

转盘塔的主要结构特点是在塔内壁按一定间距设置许多固定环，而在旋转的中心轴上按同样间距安装许多圆形转盘。固定环将塔内分隔成许多区间，在每一个区间有一个转盘对液体进行搅拌，从而增大了相际接触表面及其湍动程度，固定环起到抑制塔内轴向混合的作用，为便于安装制造，转盘的直径要小于固定环的内径，圆形转盘是水平安装的。旋转时不产生轴向力，两相在垂直方向上的流动仍靠密度差推动。

转盘塔采用平盘作为搅拌器，其目的是不让分散相液滴尺寸过小而限制塔的通过能力。转盘塔操作方便、传质效率高，结构也不复杂，特别是可以放大到很大的规模，因而在化工生产中的应用极为广泛。本实验装置中的主要设备为转盘式萃取塔，实验的基本流程如图 5-9 所示。

四、实验内容及要求

以水萃取煤油的苯甲酸为萃取物系，选用一定的萃取剂与料液之比（1∶1～9∶1，自选）进行萃取操作。

1. 以煤油为分散相，水为连续相，进行萃取过程的操作，采用酚酞作指示剂，以 $c_{NaOH}=0.01mol/L$ 的 NaOH 溶液对萃余相中苯甲酸进行滴定确定其浓度（g/L）：
$$c_2=\frac{c_{NaOH}V_{NaOH}}{V_{试样}}\times122.0\tag{5-34}$$

式中，122.0 为苯甲酸的相对分子质量。

2. 测得不同转盘转速下的萃取效率。

3. 在最佳效率或转速下，测定本实验装置的最大通量或液泛速度。

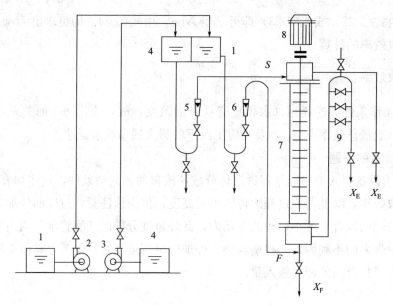

图 5-9　萃取实验装置与流程

1—煤油槽；2—煤油泵；3—水泵；4—水槽；5—水相转子流量计；

6—油相转子流量计；7—转盘萃取塔；8—调速搅拌电机；9—液位界面调节装置

五、实验数据记录与处理

通过改变操作条件如连续相（水相）流量 $\bar{\omega}$ 或转盘转速 n，使 c_R^m 随之改变，从而求出 $\eta\text{-}\bar{\omega}$ 和 $\eta\text{-}n$ 的关系，并由此确定本实验中萃取的最佳效率点 η_{opt} 及相应工况下连续相的最大通量或液泛速度。同时，通过计算得到相应工况下的萃取塔传质单元高度 H_{OR}。实验数据记录见表 5-7 和表 5-8。

表 5-7　不同连续相流量下转盘萃取塔萃取效率及传质单元高度测定

序号	连续相（水）流量 $\bar{\omega}/(kg/h)$	相比 $F/\bar{\omega}/(kg/kg)$	出塔萃余相浓度 $c_R^m/(g/L)$	萃取效率 $\eta/\%$	传质单元数 N_{OR}	传质单元高度 H_{OR}/m
1						
2						
3						
4						
5						
其他原始数据	原料浓度 $c_F^m=$_____ g/L；转盘转速 $n=$_____ r/min；分散相（煤油）流量 $F=$_____ kg/h；萃取塔有效高度 $H=$_____ m					

表 5-8　不同转盘转速下转盘萃取塔萃取效率及传质单元高度测定

序号	转盘转速 $n/(r/min)$	相比 $F/\bar{\omega}/(kg/kg)$	出塔萃余相浓度 $c_R^m/(g/L)$	萃取效率 $\eta/\%$	传质单元数 N_{OR}	传质单元高度 H_{OR}/m
1						
2						
3						
4						
5						
其他原始数据	原料浓度 $c_F^m=$_____ g/L；连续相（水）流量 $\bar{\omega}=$_____ kg/h；转盘转速 $n=$_____ r/min；分散相（煤油）流量 $F=$_____ kg/h；萃取塔有效高度 $H=$_____ m					

六、实验注意事项

1. 应先在塔中灌满连续相——水，然后开启分散相——煤油，待分散相在塔顶凝聚一定厚度的液层后，通过连续相的出口 U 形管，调节两相的界面于一定的高度。

2. 在一定转速下。当通过塔的两相流量增大时，分散相滞留量也不断增加，液泛时滞留量可达到最大值。此时可观察到分散相不断合并最终导致转相，并在塔底（或塔顶）出现第二界面。

七、思考题

1. 液-液萃取设备与气液传质设备有何区别？

2. 本实验为什么不宜用水作为分散相，倘若用水作为分散相，操作步骤是怎样的？两相分层分离段应设在塔顶还是塔底？如何选择萃取过程的分散相？

3. 重相出口为什么采用 U 形管，U 形管的高度是怎么确定的？

4. 什么是萃取塔的液泛？操作中你是怎么确定液泛速度的？什么因素将可能导致液泛？

5. 对液-液萃取过程来说是否外加能量越大越有利？

6. 萃取过程所加入的外加能量（机械功）主要有什么用途？

7. 分散相液滴的大小主要取决于什么因素？

8. 对于完全不互溶的物系萃取，其工艺和设备设计计算与其他传质过程（吸收、精馏）有何相似之处？

实验 15　降膜式薄膜蒸发实验

一、实验目的

1. 通过实验，了解膜式蒸发器的工作原理和基本构造。

2. 掌握降膜式蒸发器的操作方法。

二、实验原理

在传统的自然循环和强制循环蒸发器中，溶液在蒸发器中的停留时间都比较长，因此，对于热敏性物质的蒸发，容易发生分解变质。膜式蒸发器的特点是溶液仅通过加热管一次而不作循环，溶液在加热管壁面上呈薄膜形式流动，故其传热系数高于其他形式的蒸发器，蒸发速度快（几秒至几十秒），无静液柱压强引起的温度差损失，传热效率高，对于处理热敏性物料特别适宜。此外，对于黏度较大（0.05~0.40Pa·s）或容易产生泡沫的溶液体系蒸发操作也非常合适。现已成为国内外化工、轻工等行业广泛应用的先进蒸发设备，并常作为短程（分子）蒸馏等精密分离操作的前置分离工序和设备。

膜式蒸发器的结构形式较多，目前工业上常用的薄膜蒸发器主要有升膜式、降膜式、升-降膜式和回转膜式等几种型式。本实验采用降膜式蒸发器进行实验操作。在降膜蒸发器中，料液经预热器加热至沸腾温度，经顶部的液体分布装置形成均匀的液膜进入加热管，并在管内部分蒸发，蒸发过程形成的一次蒸汽由蒸发管收集上升至溢流槽顶部，再引入蒸发管外侧用于保温，最后经冷凝排出。浓缩液则向下流动进入气-液分离器，经分离后的少量二次蒸汽与一次蒸汽汇合进入蒸发管外侧用于保温，分离后的完成液作为产品收集。

有关其他膜式蒸发器的结构形式和工作原理请参阅《化工原理》教材或相关专著介绍。

三、实验装置与流程

单管式降膜蒸发器的结构和蒸发工艺流程如图 5-10 所示。

蒸发器的主要结构尺寸：玻璃管　$\phi 30mm \times \delta 3mm \times L1500mm$。

实验体系：15％（质量分数）硫酸铵水溶液。

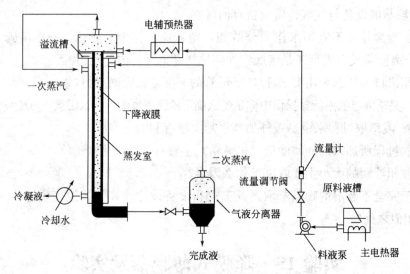

图 5-10　降膜蒸发装置及蒸发操作工艺流程

四、实验内容及要求

1、将 15％（质量分数）硫酸铵水溶液蒸发浓缩至 35％（质量分数）左右。

2、在一定进料流量下，考察不同电加热速率及加热量对完成液浓度和冷凝液量（流量）的影响规律。

五、实验操作及注意事项

1. 实验操作

（1）采用工业硫酸铵和自来水配制浓度为 15％（质量分数）的硫酸铵水溶液（约 100L），加入至原料液槽中。

（2）全负荷打开主电加热器电源，将原料液加热至接近其沸点温度，再将主电加热器加热负荷调低至维持在原料液保温状态。

（3）启动料液泵，打开流量调节阀至一定流量，使溢流槽中原料液呈膜状在蒸发器管壁向下流动。

（4）全负荷打开电辅加热器电源，使原料液温度达到沸腾温度并部分产生汽化。

（5）适当打开蒸发器底部与气液分离器之间的连接阀，使蒸发管底部维持 80～150mm 液封高度。

（6）待系统稳定操作 30min 后，取完成液进行浓度分析（GB 535—1995），测定冷凝液的体积平均流量。

（7）实验结束时，先关闭主、辅电加热器电源，再关闭料液泵出口阀，最后关闭料液泵电源。

（8）打开蒸发器底部与气液分离器之间连接阀，从完成液出口处放空系统中浓缩液至原料液槽。

（9）用清水清洗蒸发系统和管路。

2. 注意事项

（1）电辅加热器电源必须在料液泵启动和流量调节阀打开后再打开，以防干烧。

（2）在启动料液泵前，流量调节阀必须处于关闭状态，以防料液泵电流过载和损坏转子流量计。

（3）实验结束时，必须先关闭主、辅电加热器电源，再停泵电源，以防干烧。

（4）实验结束后，必须对蒸发系统和管路进行全面清洗，以防腐蚀生锈。

六、实验数据记录与处理

根据实验结果（表 5-9），考察不同电加热速率对完成液浓度和二次蒸汽（冷凝液）流量的影响规律。

表 5-9　单管式降膜蒸发实验数据记录

蒸发器的主要结构尺寸_____；实验物料体系_____

料液的质量分数 $x_0=$ _____%；料液进料流量 $F=$ _____L/h

序号	电加热功率/kW			完成液质量分数 x_1/%	冷凝液流量 W/(L/h)
	主电加热功率	辅电加热功率	总电加热功率		
1					
2					
3					
4					
5					
6					

七、思考题

1. 薄膜蒸发器的工作原理是什么？

2. 什么是蒸发过程的温差损失？蒸发过程的温差损失有哪几类，产生的原因是什么？

3. 单效蒸发过程蒸汽产生量 W（蒸发水量）与加热能量的理论定量关系是什么？

4. 如何从传热学的角度来提高蒸发过程的效率（速率）？

实验 16　动力波吸收操作与吸收效率测定实验

一、实验目的

1. 了解动力波吸收装置的基本构造和操作方法。

2. 测定不同操作条件下，动力波吸收装置对气态污染物的吸收净化效率。

二、实验原理

动力波吸收器的工作原理如图 5-11 所示。气体自上而下高速进入吸收管，吸收液通

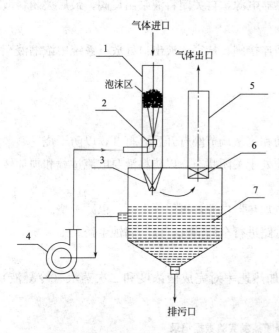

气体进口

气体出口

泡沫区

1

2

3

4

5

6

7

排污口

图 5-11 带混合元件的动力波吸收器的工作原理
1—洗涤管；2—喷嘴；3—混合元件；4—循环泵；
5—气体出口管；6—液沫分离器；
7——洗涤储液槽

过循环泵由特殊结构的喷嘴自下而上喷入气流中，造成气-液两相高速逆向对撞，当气-液两相的动量达到平衡时，形成一个高度湍动的泡沫区，在泡沫区，气-液两相呈高速湍流接触，接触表面积大，而且这些接触表面不断地得到迅速更新，达到高效吸收效果。净化后的气体经除沫器除去夹带的液沫后由出口管排出。动力波吸收器是一种新型的气-液相直接接触的高效传质与传热设备，可应用于气-液相反应，也可适用于含尘气体的净化（除尘或吸收）、气体的冷却或增湿等。

动力波吸收器具有如下主要特点：

（1）吸收效率高，一般情况下吸收效率≥95%；

（2）通过采用合适的液沫分离器，可使出口气体中的液沫夹带量<30 mg/m³，无需后续除沫设备，从而可减少设备投资，采用动力波净化系统的投资，比采用传统的工艺与设备要节省 30%以上；

（3）通过采用特殊结构的喷嘴，可有效避免液相中固体颗粒的堵塞问题，有利于吸收液的循环使用，减少了污水处理量，循环液含固量可高达 20%左右；

（4）动力波吸收器结构紧凑、造价低、占地面积小；

（5）设备内部无活动部件，安装维修简单，可靠性好，运行周期长；

（6）动力波吸收器操作弹性大、适用范围广，能适用于处理气量波动较大的场合。

三、实验装置与流程

本实验采用的吸收装置为 SDLB-100 型动力波吸收器，装置的具体结构和工艺流程参见相关实物。装置的主要技术参数如下：

处理风量（标准状态）300m³/h；吸收液循环量 1.5～2m³/h。

四、实验内容及要求

采用质量浓度约 10%的石灰乳浆为吸收液，对含低浓度 SO_2 的空气混合气体（其中 SO_2 浓度约 0.3%）进行吸收净化，测定不同液-气比下吸收系统的吸收效率。

五、实验操作步骤

1. 开车前的准备

（1）进行管道和设备内部的清洗，清理系统内部的杂物，确保设备运行安全。

（2）检查各阀门是否灵活好用，开关是否正确：应开阀门——喷嘴前压力表根部阀，溢流排放阀和除沫器排液阀；应关阀门——排污阀、循环泵进出口阀、补充液阀。

（3）调试仪表和循环泵至正常状态。

2. 开车步骤

（1）第一次开车时，先打开补充液阀门，往吸收器槽内注液，并通过视镜来观察槽内的液位，当液位接近视镜中心线位置时即可停止进液。

（2）循环泵调试。先打开泵的进出口阀门，然后启动循环泵，按照循环泵的使用说明书进行调试，调试时请注意：应关闭泵出口至喷嘴的阀门，而打开泵出口的旁路阀。让循环液走旁路，而不走喷嘴，避免在未通气体的情况下，因喷嘴喷射压力过高而使液体进入前道系统。

（3）待循环泵调试正常后，逐渐关小旁路阀，慢慢打开喷嘴进水阀，调节喷嘴流量，使之由小逐渐变大，但应控制喷嘴前压力≤0.02MPa。待喷嘴喷射正常后，再启动风机进气，使气体进入吸收器内，然后再调节喷嘴流量，使之由小逐渐变大，同时观察进气管上下端的压差变化情况，最终使喷嘴前压力稳定在 0.04~0.05MPa。一、二级喷嘴的喷射压力可以不相同。

（4）进入正常操作阶段。

（5）定期打开排污阀，排放一定量的循环液；同时打开补充液阀门，补充新鲜液，以维持循环槽内的液位。排污周期及排污量需根据工艺要求在实践操作中摸索确定。

（6）注意定期观察视镜，防止液位过低或过高。定期观察循环泵的电流和压力，如发现故障及时排除。

3. 停车步骤

（1）先将喷嘴前压力调低至≤0.02MPa。

（2）关闭风机，停止进气。

（3）关闭循环泵，停止喷液。并及时关闭泵出口阀，防止管内液体倒流造成泵反转，以致引起泵轴与叶轮反紧螺栓的松动。

六、实验数据记录与处理

在含 SO_2 的空气混合气体流量、进口浓度和石灰乳浆浓度一定的条件下，通过改变吸收液石灰乳浆的用量，测定不同液-气比下动力波装置的吸收效率；或在含 SO_2 的空气混合气体流量、石灰乳浆流量和浓度一定的条件下，测定混合空气中 SO_2 不同进口浓度下动力波装置的吸收效率。实验记录表见表5-10。

表5-10 动力波装置吸收效率测定的实验记录

序号	石灰乳浆流量 $L/(L/h)$	出口气中 SO_2 浓度 $c_2/(mg/m^3)$	吸收效率 $\eta/\%$	序号	进口气中 SO_2 浓度 $c_1/(mg/m^3)$	SO_2 出口浓度 $c_2/(mg/m^3)$	吸收效率 $\eta/\%$
1				1			
2				2			
3				3			
4				4			
5				5			
6				6			
其他原始数据	石灰乳浆质量分数 $w=$___% 进口混合空气中 SO_2 浓度 $c_1=$___ mg/m^3 进口混合空气流量 $V=$___ Nm^3/h			其他原始数据	石灰乳浆质量分数 $w=$___% 石灰乳浆流量 $L=$___ L/h 进口混合空气（标准状态）流量 $V=$___ m^3/h		

七、思考题

1. 对于化学吸收体系，其传质吸收系数与哪些因素有关？如何计算？
2. 试设计一合理方案，对本实验中吸收饱和后的浆液进行回收处理或综合利用。

实验 17 中药中挥发性有效成分的超临界流体萃取实验

一、实验目的

1. 通过实验了解超临界 CO_2 萃取的原理和特点。
2. 熟悉超临界萃取设备的构造，掌握超临界 CO_2 萃取中药挥发性成分的操作方法。

二、实验原理

任何一种物质都存在气、液、固三种相态。三相成平衡态共存的点叫三相点。气、液两相达到平衡状态的点叫临界点。在临界点时的温度和压力称为临界温度、临界压力。不同的物质其临界点所对应的压力和温度各不相同。超临界流体（supercritical fluid，SCF）是指温度和压力均高于临界点的流体，如二氧化碳、氨、乙烯、丙烷、丙烯、水等均可成为超临界流体。

超临界流体在高于其临界温度和压力下，性质会发生显著变化：此时其密度近于液体，黏度近于气体，扩散系数为其液态的上百倍，因而具有惊人的溶解能力。因此，在超临界状态下，将超临界流体与待分离的物质接触，利用程序升减压和温度控制，可以使其有选择性地依次把多组分复杂物系中极性、沸点和分子量大小不同的各种物质分别萃取出来，从而达到物质分离提纯的目的。超临界流体萃取技术特别适用于中药挥发性成分的提取分离。

在超临界萃取技术中，CO_2 是目前最常用的萃取剂，它具有以下特点：①CO_2 临界温度为 31.26℃，临界压力为 7.2MPa，临界条件容易达到；②CO_2 化学性质稳定，无色、无味、无毒，安全性好；③价格便宜，纯度高，容易获得；④萃取和分离过程合二为一，当包含溶解物的二氧化碳超临界流体流经分离器时，由于压力下降使得 CO_2 与萃取物迅速成为气液两相而立即分开，目的产物在提取过程不会发生相变，同时由于 CO_2 价格便宜易得，因此，许多情况下无需考虑萃取溶剂的回收问题；⑤操作方便，不仅萃取效率高，而且能耗较少，成本节约。

三、实验装置与流程

1. 实验装置与流程

本实验装置为江苏南通生产的 HA21-50-06 型超临界萃取装置，其基本结构和工艺流程如图 5-12 所示，主要部件的技术参数如下：主泵——双柱塞泵，最大流量 50L/h；副泵——双柱塞泵，最大流量 4L/h；高压萃取罐Ⅰ——5L/50MPa、1L/50MPa；中压萃取罐Ⅱ——1L/30MPa、2L/30MPa。

2. 实验原料与试剂

食用级 CO_2，食用酒精，中药材。

四、实验操作步骤

1. 开机前的准备工作

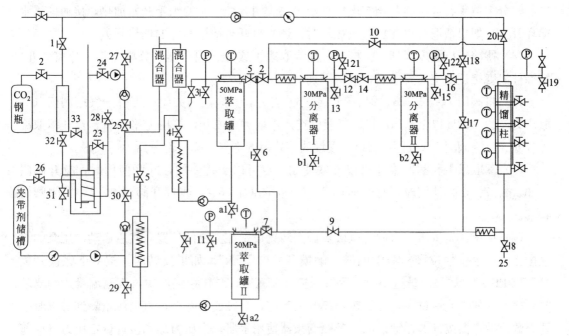

图 5-12　超临界 CO_2 萃取装置及工艺流程

（1）首先检查电源、三相四线是否完好无缺。

（2）检查冷冻机及储罐的冷却水源是否畅通，确保冷箱内为 30％乙二醇＋70％水溶液。

（3）保证 CO_2 气瓶压力在 5～6MPa 的气压，且食品级纯度 99.9％，净重≥22kg。

（4）检查管路接头以及各连接部位是否牢靠。

（5）将各热箱内加入净化水、去氯离子水（蒸馏水），不宜太满，离箱盖 2cm 左右，每次开机前都要查水位。

（6）萃取原料装入料筒，原料不应安装太满，离过滤网 2～3cm。

（7）将料筒装入萃取罐（或萃取罐Ⅱ），盖好压环及上堵头。

（8）如果萃取液体物料需加入夹带剂时，将液料放入携带剂罐，用泵压入萃取罐Ⅰ（或萃取罐Ⅱ）内。

（9）萃取罐Ⅰ或Ⅱ、分离器Ⅰ或Ⅱ的探头孔内需加入一定量的甘油，以提高控温的准确性。

（10）萃取罐Ⅰ或Ⅱ、分离器Ⅰ或Ⅱ、精馏柱加热时，萃取罐Ⅰ或Ⅱ温度设定应比实际所需温度低一些，而分离器Ⅰ或Ⅱ、精馏柱温度设定应比实际所需工作温度高一些。

2. 开机操作程序

（1）先送空气开关，如三相电源指示灯都亮，则说明电源已接通，再启动电源（绿色）按钮。

（2）接通制冷开关。

（3）开始加温，先将萃取罐Ⅰ或Ⅱ、分离器Ⅰ、分离器Ⅱ的加热开关接通，将各自控温仪拨到设定位置，调整到各自所需的设定温度后，再拨到测温位置，萃取罐Ⅰ或Ⅱ、预热器、分离器Ⅰ、分离器Ⅱ均有电压指示时，表明各相对应的水箱开始加热，接通储槽水循环开关。如果精馏柱也参加整机循环时，还需打开与精馏相应的加热开关。

（4）待冷冻机温度降到0℃左右，且萃取罐Ⅰ或Ⅱ、预热器、分离器Ⅰ、分离器Ⅱ、精馏柱温度接近设定的要求后，进行下列（5）操作。

（5）将阀门2、32、23、24、25、4（6）打开，其余阀门关闭，再打开气瓶阀门（气瓶压力应达5MPa以上），让CO_2气瓶气进入萃取罐Ⅰ或Ⅱ，等压力平衡后，打开萃取罐Ⅰ或Ⅱ、放空阀门3（或阀门11），慢慢放掉残留的空气，降一部分压力后关好。

（6）萃取罐Ⅰ和萃取罐Ⅱ可以并联使用，也可以交替使用，并联使用时，打开阀门5、6、4、7；交替使用时，打开阀门4、5，关闭阀门6、7或打开阀门6、7，关闭阀门4、5。

（7）加压：先将压力值通过电极点调控装置设定在需要的位置，然后启动加压泵的绿色按钮，再手按数位操作器中的绿色触摸开关"RUN"。如果反转时，按一下触摸开关"FWD/PEV"，如果流量过小时，手按触摸开关▲键，泵转速将加快，直至流量达到要求时再松开；如果流量过大，可手按触摸开关▼键，泵转速将降低，直至流量降到要求时松开。数位操作器按键的详细说明可参照变频器使用手册。当压力加到接近设定压力（提前1MPa左右），开始打开萃取罐Ⅰ或Ⅱ后面的节流阀门，具体调节根据下面（8）、（9）、（10）不同流向分别进行。

（8）"萃取罐Ⅰ→分离器Ⅰ→分离器Ⅱ"回路：关闭阀门6、7、9、10、17、20；打开阀门2、5、12、16；调节阀门8可控制萃取罐Ⅰ的压力；微调阀门14可控制分离器Ⅰ的压力；调节阀门18可控制分离器Ⅱ的压力。

（9）"萃取罐Ⅱ→分离器Ⅰ→分离器Ⅱ→精馏柱"回路：关闭阀门5、9、10、18；打开阀门2、6、7、12、16；微调阀门8可控制萃取罐Ⅱ的压力；微调阀门14可控制分离器Ⅰ的压力；微调阀门17可控制分离器Ⅱ的压力；微调阀门20可控制精馏柱的压力。

（10）"萃取罐Ⅰ和Ⅱ→精馏柱→分离器Ⅰ→分离器Ⅱ"回路：关闭阀门6、8、17、20；打开阀门2、5、7、12、16；微调阀门9可控制萃取罐的压力；微调阀门10可控制精馏柱的压力；微调阀门14可控制分离器Ⅰ的压力；微调阀门18可控制分离器Ⅱ的压力。

（11）中途停泵时，只需按数位操作器上的"STOP"键。

（12）萃取完成后，关闭冷冻机、泵、各种加热循环开关；再关闭总电源开关；萃取罐Ⅰ和Ⅱ内压力放入后面分离器Ⅰ和Ⅱ或精馏柱内，待萃取罐Ⅰ和Ⅱ内压力平衡后，再关闭萃取罐Ⅰ和Ⅱ周围的阀门；打开放空阀门3和阀门a1，或打开放空阀门11和阀门a2，待没有压力后，打开萃取罐Ⅰ、Ⅱ顶盖，取出料筒为止，整个萃取过程结束。

五、实验注意事项

1. 此装置为高压流动装置，非熟悉本系统流程者不得操作，高压运转时不得离开岗位，如发生异常情况，要立即停机、关闭总电源，检查。

2. 泵系统启动前应先检查润滑的情况是否符合说明要求，填料压帽不宜过松或过紧。

3. 电极点压力表操作前要预先调节至所需值，否则会产生自动停泵或电极失灵超过压力的情况，温度也同样会在达到一定值后自动停止加热。

4. 冷冻系统冷冻管内要加入 30％的乙二醇（防冻液），液位以将要溢出为止。

5. 冷冻机采用 R22 氟利昂制冷，开动前要检查冷冻机油，如油位过低时要加入 25♯ 冷冻机油，正常情况下已调好，一般不要动阀门。

6. 正常运转情况：高压表夏天为 $15\sim20kgf/cm^2$，冬天为 $5\sim15kgf/cm^2$ 均为正常；低压表要在 $1\sim2kgf/cm^2$ 以内为正常（$1kgf/cm^2=98.0665kPa$）。

7. 长时间不用时需要回收氟利昂，具体操作为：关闭供液阀门开机 5min 左右，待低压表低于 0.1MPa 停机即可。

8. 制冷系统通 R22 氟利昂后，如发生故障，先用上述方法回收氟利昂后，检查电磁阀至膨胀阀 10 管线是否堵塞，或检查过滤器有无堵塞。有堵塞时，清理即可；如果氟利昂过少，制冷效果不佳，请专业人员清理即可。

9. 要经常检查各连接部位是否松动。

10. 泵在一定时间内要更换润滑油。

11. 加热水箱保温：①长时间不用，请将水排放，防止冬天冻坏保温套和腐蚀循环水泵；②一般开机前检查水箱水位，不够应补充（因温度蒸发），同时检查循环水泵转动轴是否灵活，防止水垢卡死转轴烧坏电机。

六、实验数据记录与处理

根据实验结果（表 5-11），按下式计算各次实验的中药材有效成分萃取收得率。

$$\eta=\frac{w_1x_1}{w_0x_0}\times100\%\tag{5-35}$$

表 5-11　超临界 CO_2 萃取中药材中有效成分的实验记录

序号	试样质量 w_0/g	试样中有效成分含量 $x_0/\%$	萃取样品质量 w_1/g	萃取样品中有效成分含量 $x_1/\%$	有效成分收得率 $\eta/\%$
1					
2					
3					

七、思考题

1. 什么是超临界流体？
2. 超临界流体与气体、液体的区别有哪些？
3. 超临界流体萃取过程的主要操作参数是什么，试阐述温度和压力对萃取过程的影响。
4. 超临界 CO_2 有什么特性，超临界水又有哪些特性？
5. 超临界 CO_2 萃取与传统有机溶剂萃取区别是什么，有哪些特点，适用哪些物质的提取分离？
6. 何为夹带剂？
7. 超临界流体萃取系统主要由哪几部分组成？
8. 试从有关超临界流体萃取的论著中选择一种典型流程，用热力学原理分析萃取全过程的能量消耗情况。

实验 18   鱼油中 DHA 和 EPA 的分子蒸馏提取实验

一、实验目的
1. 通过实验了解分子蒸馏的原理和特点。
2. 熟悉分子蒸馏设备的构造，掌握分子蒸馏操作方法。

二、实验原理
分子蒸馏是一项尚未广泛应用于工业化生产的液-液分离特殊技术，能解决大量常规蒸馏技术所不能解决的难题。分子蒸馏技术是利用在极高真空条件下不同物质具有不同的分子运动平均自由程，从而使液-液体系在远低于其纯物质沸点的温度下实现分离的一种分离方法。

1. 分子蒸馏原理
（1）分子运动平均自由程   任一分子在运动过程中都在不断变化自由程，在某时间间隔内自由程的平均值为平均自由程。设 V_m 为某一分子的平均运动速率，f 为碰撞频率，λ_m 为平均自由程，则有：

$$\lambda_m = \frac{V_m}{f} \tag{5-36}$$

或

$$f = \frac{V_m}{\lambda_m} \tag{5-37}$$

由热力学原理可知：

$$f = \frac{21}{2KT} V_m \pi d^2 \rho \tag{5-38}$$

于是：

$$\lambda_m = \frac{2KT}{21 \pi d^2 \rho} \tag{5-39}$$

式中 d——分子有效直径；

T——分子所处环境的温度；

K——玻尔兹曼常数；

ρ——液体密度。

（2）分子运动平均自由程的分布规律   分子运动自由程的分布规律可表示为：

$$F = 1 - e^{-\lambda/\lambda_m} \tag{5-40}$$

式中 F——自由程小于或等于 λ 的概率；

λ_m——分子运动的平均自由程；

λ——分子运动自由程。

由公式可以得出，对于一群相同状态下的运动分子，其自由程等于或大于平均自由程 λ_m 的概率为 $1 - F = e^{-1} = 36.8\%$。

由分子运动平均自由程的公式可以看出，不同种类的分子因其分子有效直径不同，其平均自由程也不同，换而言之，不同种类的分子逸出液面后不与其他分子发生碰撞的飞行距离是不相同的。轻分子的平均自由程大，重分子的平均自由程小，因此，若在离液面小于轻分子的平均自由程而大于重分子平均自由程处设置一冷凝面，使得轻分子落在冷凝面上被冷凝，而重分子因达不到冷凝面而返回原来液面，这样混合物就分离了。分子蒸馏技术正是利用这种不同种类分子逸出液面后平均自由程的不同来实现物质分离的。

2. 分子蒸馏的特点

（1）分子蒸馏的操作温度低于混合物中各纯组分的沸点温度　由分子蒸馏原理得知，混合物的分离是利用不同种类的分子逸出液面后的平均自由程不同的性质来实现的，并不需要沸腾，所以分子蒸馏是在远低于沸点的温度下进行的，与常规蒸馏有着本质的区别。

（2）分子蒸馏时的蒸馏压强低　从上可知，分子蒸馏一般是在远低于常规蒸馏温度的情况下进行的。一般常规蒸馏或传统真空蒸馏由于在沸腾状态下操作，加之其塔板或填料的阻力比分子蒸馏大得多，所以其操作温度比分子蒸馏高得多。而分子蒸馏由于其装置的独特结构形式，其内部压降极小，可以获得很高的真空度，因此，分子蒸馏是在很低的压强下进行，一般为 10^{-1} Pa 数量级。例如，某混合物在传统真空蒸馏时的操作温度为 260℃，其在分子蒸馏中的操作温度可低至 150℃。

（3）被分离物系的受热时间短　由分子蒸馏原理可知，受加热的液面与冷凝面间的距离小于轻分子的平均自由程，而由液面逸出的轻分子几乎未经碰撞就到达冷凝面，所以其所需的受热时间很短。另外，混合液体呈薄膜状，使液面与加热面的面积几乎相等，这样物料在蒸馏过程中受热时间就变得更短。对传统真空蒸馏而言，若物系的受热时间为 1h，在分子蒸馏过程中则仅需十几秒钟。

（4）被分离物系的分离程度更高　分子蒸馏能分离常规蒸馏不易分开的物质。根据分子蒸馏的相对挥发度 α_F 定义，有：

$$\alpha_F = \frac{p_1}{p_2}\left(\frac{M_2}{M_1}\right)^{1/2} \tag{5-41}$$

式中　M_1，M_2——轻组分和重组分的相对分子质量；

p_1，p_2——轻组分和重组分在同一温度下的饱和蒸气压。

对于常规蒸馏，其物系的相对挥发度 α_C 为：

$$\alpha_C = \frac{p_1}{p_2} \tag{5-42}$$

比较式（5-41）与式（5-42）可见：在 p_1/p_2 相同的情况下，由于重组分的相对分子质量 M_2 比轻组分的相对分子质量 M_1 大，所以 α_F 比 α_C 大。这就表明同系混合液的分子蒸馏较常规蒸馏更易分离。

分子蒸馏不仅能有效地去除液体中的低分子物质（如有机溶剂、臭味等），而且能有选择性地蒸出目的产物，去除其他杂质。因此，分子蒸馏被视为天然品质的保护者和回归者，特别在一些高价值物料的分离中常被作为脱臭、脱色及提纯的手段。

三、实验装置与流程

1. 实验原料、试剂和分析仪器

原材料和试剂：饲料用精制鱼油，食用酒精，无水乙醇（AR），乙醇钠（CP），NaCl（食用级）。分析仪器：气相色谱仪，GC-14A 型，日本岛津生产。

2. 分子蒸馏的实验装置和流程

分子蒸馏的实验装置和流程如图5-13所示。

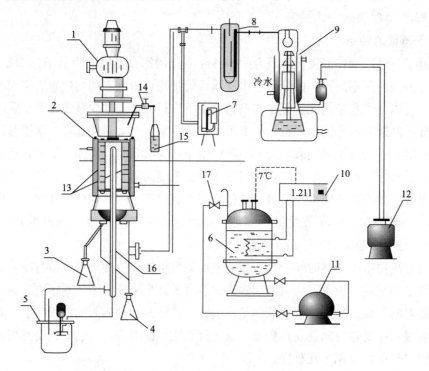

图 5-13　刮膜式分子蒸馏实验装置

1—变速机组；2—刷膜蒸发器缸；3—重组分接收瓶；4—轻组分接收瓶；5—恒温水泵；6—导热油炉；
7—旋转真空泵；8—液氮冷阱；9—油扩散泵；10—导热油温控制器；11—热油泵；12—前级真空泵；
13—刮膜转子；14—进料阀；15—原料瓶；16—冷凝柱；17—旁路阀

四、实验操作步骤

本实验用玻璃分子蒸馏器分离纯化鱼油中的 EPA、DHA。

1. 原料鱼油的脱酸

在柱温180℃、真空度0.5Pa下用玻璃分子蒸馏器蒸馏脱酸两次，测定脱酸前后鱼油的酸值。

酸值测定：准确称取1g精制鱼油 W_0，放入250mL锥形瓶中，水浴加热。向溶液加1mL酚酞指示剂（0.5％的酚酞乙醇溶液），用0.5mol/L KOH-乙醇溶液在快速搅拌下滴定。终点时粉红色至少保持10s，则：

$$A_t = 56.1 \frac{c_{KOH} \times V_{KOH}}{W_0} \qquad (5\text{-}43)$$

式中　A_t——酸值，mg（KOH）/g；

c_{KOH}——KOH 摩尔浓度，mol/L；

V_{KOH}——KOH 体积，mL；

W_0——样品质量，g。

2. 制备鱼油脂肪酸乙酯

配制质量浓度为0.5％的乙醇钠-无水乙醇溶液，将1份质量的脱酸鱼油同3份质量的乙醇钠-无水乙醇溶液混合，在83℃下加热回流1.5h，用磷酸中和催化剂中的碱至pH＝7，用15％的NaCl水溶液洗涤数次以除去反应形成的甘油，减压蒸馏去除物料的水分，抽滤除去反应物料中含有的固状物，得到橙红色鱼油脂肪酸乙酯A，称重计为W_A并测定A中EPA＋DHA乙酯含量x_A，计算收率$W_A x_A / W_0$。

3. 鱼油脂肪酸乙酯中EPA、DHA乙酯的分离提纯

在柱温120℃、0.5Pa下进行鱼油脂肪酸乙酯A的分子蒸馏，得到样品蒸余物样B，样品B在130℃、0.5Pa下再次进行分子蒸馏，得到样品C，样品C在140℃、0.5Pa下经最终分子蒸馏，得到蒸余物为样品D，分别称重各步过程的蒸余物样品计为W_B、W_C和W_D并测定其中的EPA＋DHA乙酯含量x_B、x_C和x_D。

4. EPA、DHA乙酯的纯度分析方法

气相色谱条件：色谱柱Silicone OV-17，30m×3.2mm，柱温230℃；检测器FID，检测器温度260℃；汽化室温度260℃；载气N_2，流速50mL/min；H_2流速45mL/min；空气流速500mL/min；进样量1.0μL；对确定的EPA、DHA乙酯峰，按归一化方法确定其含量。

五、实验数据记录与处理

实验数据记录与处理见表5-12。

表 5-12　鱼油分子蒸馏提取EPA＋DHA实验数据记录

样品	分步提纯前样品质量 w_i/g	分步提纯后样品质量 w_j/g	提纯后样品中EPA＋DHA含量(质量分数)x_i/％	EPA＋DHA的分步收率 η/％
A				
B				
C				
D				

六、思考题

1. 什么是分子蒸馏？

2. 影响分子蒸馏效果的关键因素是什么？

3. 如何产生超高真空？

4. 分子蒸馏与传统精馏的工艺有什么不同？

5. 分子蒸馏与超临界流体萃取技术有什么不同？

6. 分子蒸馏技术可应用在哪些领域？

第六章　化工原理计算机仿真实验

第一节　计算机仿真实验系统简介

一、系统版本和安装使用环境

1. 系统版本

本计算机仿真实验系统由北京东方仿真软件技术有限公司开发，版本号为 CES2.0，教师站版本号为 CES2.1.1.0。

2. 安装使用环境

硬件：CPU 主频 1.7G 以上，内存 1G 以上，硬盘空闲空间 40G 以上。

软件：操作系统推荐使用 WindowsXP ＋ SP2、Windows XP ＋ SP3 系统。

网络：局域网务必连接正常，以确保教师站正常授权。

其他：如果计算机安装有还原软件，请安装前解开密码。

二、计算机仿真实验内容

化工原理仿真实验包含如下实验内容：

离心泵特性曲线测定	精馏（乙醇-丙醇）实验
流量计的认识和校核	吸收（氨-水）实验一
流体阻力系数测定	吸收（氨-水）实验二
伯努利方程演示实验	丙酮吸收实验
传热（空气-蒸汽）实验	干燥实验
精馏（乙醇-水）实验	板框过滤实验
	流化床干燥实验

三、计算机仿真实验系统的启动

用鼠标双击桌面上的"化工原理实验仿真系统"开始程序，出现如图 6-1 所示画面。将鼠标移动到要做的实验名称的相应条目上，用鼠标左键点击即可启动实验。

四、实验仿真系统功能

主菜单界面包括以下内容：

①启动的仿真实验名称；②实验指导菜单；③实验操作指导菜单；④数据处理菜单；⑤教学课件菜单；⑥素材演示菜单；⑦自动记录系统菜单；⑧参数设置菜单；⑨思考题菜单；⑩网络控制菜单；⑪授权中心菜单；⑫退出菜单。

其基本画面及主要功能如下。

——授权中心，用于向用户提供各种权利的授权；

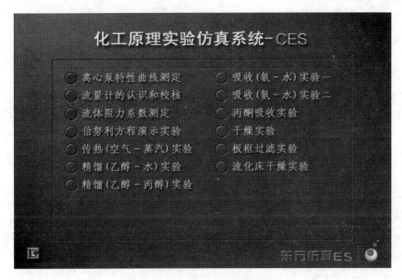

图 6-1 启动画面

——思考题，与实验有关的标准化试题测试以及实验操作的评分，采用开放式设计，教师可以加入自己编的思考题；

——参数设置，可以修改当前实验的设备参数或实验条件，但需要在授权中心获得授权；

实验指导——实验讲义相关内容，包括实验原理、设备介绍、计算公式，以及注意事项等；

实验操作——详细的操作指导，相当于一般 Windows 程序的帮助文件，可按 F1 键调出；

——自动记录，可以自动记录下当前的实验数据，储存在数据处理的原始数据部分，但需要在授权中心获得授权；

数据处理——数据处理窗口，包括数据的记录、计算，曲线绘制或公式回归等内容；

——网络控制，可通过连接教师站获得实验配置信息、提交实验报告；

教学课件——与实验内容相关的教学课件，采用开放式设计，教师可以用自己制作的课件代替，具体方法请另参阅本软件使用的详细说明；

素材演示——真实设备的照片、录像等素材的演示。

BACK——退出，退出实验到实验菜单（实验上篇或实验下篇）。

要启动以上某个窗口，只需将鼠标移动到以上相应项目上，点击左键即可。下面对上述菜单涉及的主要功能和操作方法逐一进行较为详细介绍。

1. 授权中心的使用

点击下方菜单的授权中心按钮，出现授权中心画面，如图 6-2 所示。

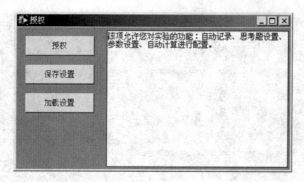

图 6-2　授权中心画面

将鼠标放在左边的一按钮上，右边的文本框中即显示出该按钮功能的说明。点击授权按钮，即弹出密码输入框，输入正确密码后，系统就会确认所拥有配置的权利，如图 6-3所示，选择需要的权限，点击确定。

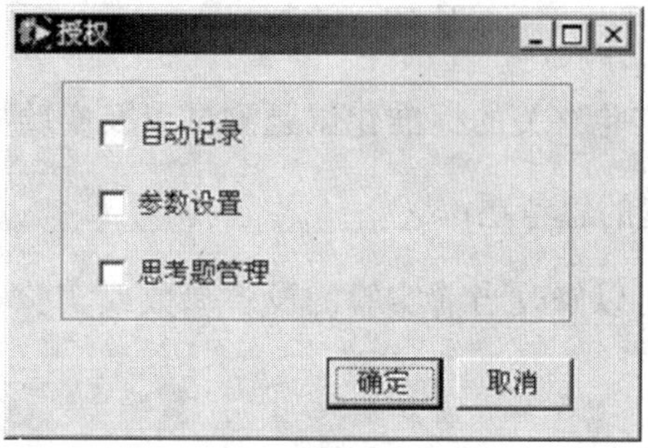

图 6-3　权限选择

点击保存配置按钮，弹出保存配置窗体，需要输入配置文件名和密码，该密码为以后加载该实验时所要求输入的密码。输入完成后点击确认按钮即可完成配置。窗体最下方的文本框中列出了当前可用的配置文件名称（图 6-4），默认有两个，当实验开始时，系统

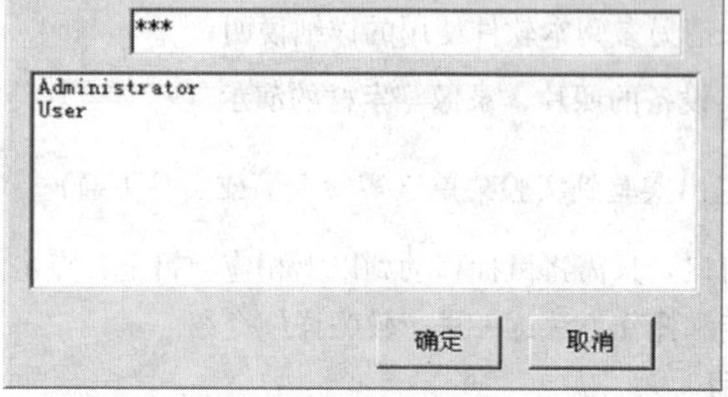

图 6-4　保存配置画面

自动加载名为"User"的配置文件，"User"用户拥有最基本的功能。"Administrator"配置文件拥有系统所有的功能，为最高权限的用户。

点击加载配置弹出加载配置窗体，其上方文本框中为当前可用的配置列表，用鼠标点击要加载的配置文件名称，在密码框中输入密码，按回车键即可。如图 6-5 所示。

图 6-5 加载配置画面

2. 思考题测试的使用方法

点击"思考题"会出现思考题登录窗口，输入班级和学号后点击"确定"键进入思考题主界面，主界面如图 6-6 所示。

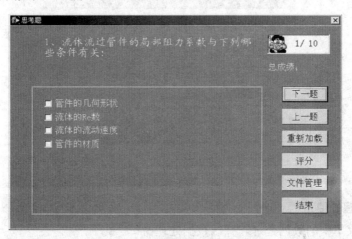

图 6-6 思考题主界面

思考题均为标准化试题，其中上方淡绿色文字为题干，下方方框中所列的为备选答案，答题时只需用鼠标在要选答案的前面的小方框中左键点击就可以画上一个小对勾，表示已选择，再次点击后，小对勾消失，表示不选择。选择完一道题答案后可以用鼠标左键点击窗口右侧的"上一题"或"下一题"按钮上下翻动题目。右上角的图片框表示共有十道题，当前为第一题。点击"重新加载"按钮可刷新思考题，重新开始答题。

点击"评分"按钮可察看思考题得分与实验操作评分，如图 6-7 所示。

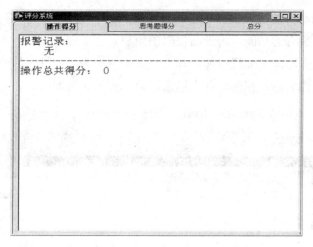

图 6-7 思考题评分系统

点击"文件管理"可编辑思考题及答案，此功能需在授权中心获得授权。如图 6-3 所示。

思考题编辑器列出了思考题文件的名称，题目，以及答案。右边的小对勾表示该项为正确答案。当编辑完成后点击"保存"按钮即可保存思考题的更改。

点击"结束"按钮返回主界面。

3. 参数配置功能的使用

在授权中心获得设备管理的授权后，点击下方菜单的参数配置按钮，弹出参数配置画面，如图 6-8 所示，选择所需要的离心泵型号，点击确定即可。

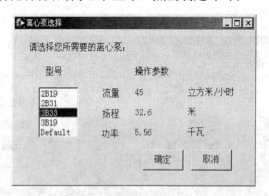

图 6-8 离心泵选择画面

4. 数据处理的使用

点击左侧菜单中的数据处理，弹出数据处理窗口。

(1) 原始数据 可在原始数据窗口中直接填入数据，如使用自动记录功能，系统会自动填入数据。

(2) 数据计算 填好数据后，如果不采用"自动计算"功能，则可以在原始数据页找到计算所需的参数，如果要使用"自动计算"功能，在相应的计算结果页点击"自动计算"即可，数据即可自动计算并自动填入。

(3) 曲线绘制 计算完成后，在曲线页点击"开始绘制"即可根据数据自动绘制出曲线（有该功能的）。

5. 实验报告的生成

（1）点击数据处理窗口下面一排按钮中的"打印"按钮，即可调出实验报表窗口，如图 6-9 所示。

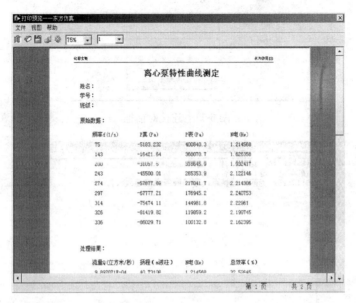

图 6-9　实验报告预览画面

（2）点击数据处理窗口下面一排按钮中的"保存"按钮，会出现"另存为"窗口，可选择所列出的路径（如"我的文档"）和文件名（如 pump. ess 文件）或自选路径和自命名文档保存原始数据到磁盘文件，并可在以后点击"读入"按钮读入该数据文件，如图 6-10 所示。

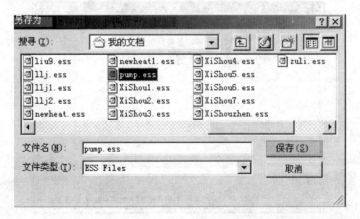

图 6-10　实验报告保存画面

6. 网络（学生站）控制

点击下方菜单的"网络控制"，弹出如图 6-11 所示的连接对话框。

输入服务器的 IP 地址和端口号（可由教师站获得），填写姓名，学号，点击连接服务器按钮，稍候一段时间后，即可与服务器连接，信息界面如图 6-12 所示。

图 6-11 中显示当前正准备接受来自服务器的信息，此时教师站即可向该学生站发送配置信息，当学生站接受完信息后，会有提示信息，如图 6-13 所示。

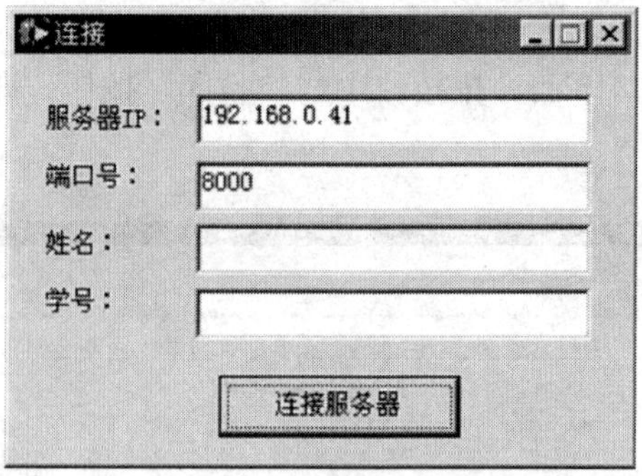

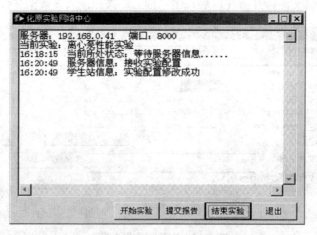

图 6-11　连接对话框

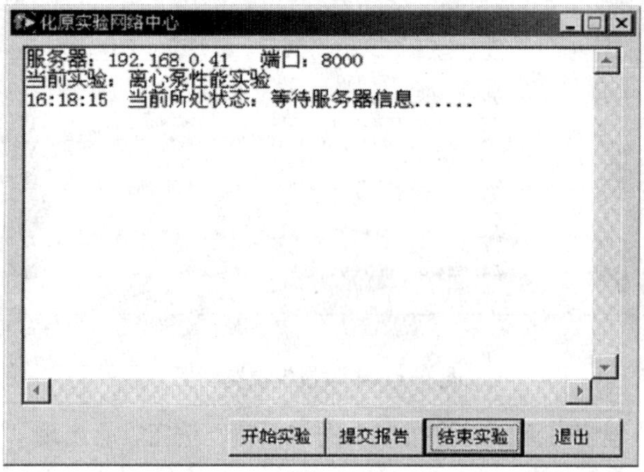

图 6-12　信息界面

图 6-13　配置完成画面

当服务器确认实验配置信息传送正确后，会传递开始实验的信息，如图 6-14 所示。

最小化此窗口（注意不要关闭窗口！），开始实验（此时如点击开始实验按钮可向教师站回传开始实验的信息）。

当实验结束，并生成实验报告，做完所有思考题后，点击提交报告按钮，将出现一选择文件窗口，选择生成的实验报告文件，点击打开，即可将此文件传到教师站上，如图 6-15 所示。

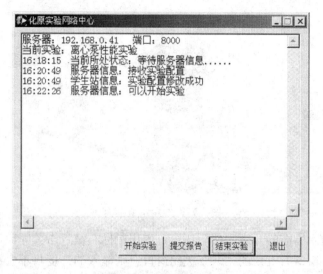

图 6-14　开始实验画面

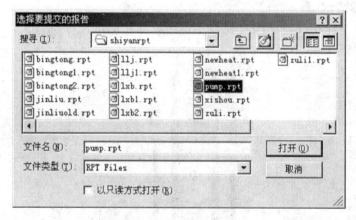

图 6-15　选择提交报告

最后点击结束实验，可向教师站传送本次实验的得分，以及结束信息，并断开与教师站的连接。

(a)　　　　(b)

图 6-16　实验设备的电源开关

7. 电源开关的使用

实验设备的电源开关有两种，如图 6-16 所示。

图 6-16（a）所示开关，要接通电源用鼠标左键点击开关上的绿色按钮，关闭电源时用鼠标左键点击红色按钮。图 6-16（b）所示开关，现在处于关闭状态，要打开时用鼠标左键点击，关闭时再次点击即可。

8. 阀门的调节

阀门是实验过程中经常要调节的设备，下面介绍它的调节方法，点击可调节的阀门会出现阀门调节窗口，如图 6-17 所示。

中方框 $\boxed{0}$ 显示的数字为阀门开度，范围是 0～100。要增加开度，用鼠标左键点击 ▲，每次增加 5 开度，要减少开度，用鼠标左键点击 ▼，每次减小 5 开度。也可以在开

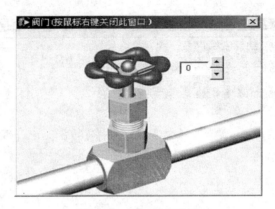

图 6-17　阀门调节画面

度显示框中直接输入所需的开度，然后在窗口内用鼠标右键点击关闭窗口即可。注意，如果用鼠标左键点击窗口右上角的"×"关闭窗口，则输入的开度将不会被应用。另外，如果输入的开度小于 0，按 0 计，大于 100，按 100 计。

9. 压差计读数

实验中的压差计在设备图中都比较小，用鼠标左键点击即可放大，如图 6-18 所示（右键点击恢复）。

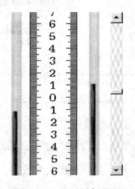

图 6-18　压差计画面

压差计中的介质有很多种，颜色各不相同，为了便于读数，把介质的颜色统一为红色，但是其中的介质种类要以具体实验为准。用鼠标拖动滚动条可以读取压差计两边的液柱高度，即可得到两边液柱高度差，进而求得压差。

第二节　化工原理计算机仿真实验

实验 19　离心泵特性曲线测定

一、实验流程

离心泵性能曲线测定实验的基本流程如图 6-19 所示。

二、设备参数

泵的转速：2900r/min；额定扬程：20m；电机效率：93%；传动效率：100%；水

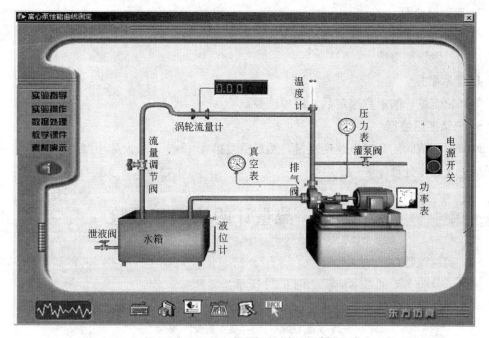

图 6-19　离心泵特性曲线测定基本流程

温：25℃；泵进口管内径：41mm；泵出口管内径：35.78mm；两测压口之间的垂直距离：0.35m；涡轮流量计流量系数：75.78。

三、操作注意事项

1. 灌泵

因为离心泵的安装高度在液面以上，所以在启动离心泵之前必须进行灌泵。如图 6-20 所示，打开灌泵阀。当没有完成灌泵时启动泵会发生气缚现象，造成数据波动。

在压力表上单击鼠标左键，即可放大读数（右键点击复原）。当读数大于 0 时，说明泵壳内已经充满水。

2. 排气

由于泵壳上部还留有一小部分气体，所以需要放气。调节排气阀开度大于 0，即可放出气体，气体排尽后，会有液体涌出，如图 6-21 所示。此时关闭排气阀和灌泵阀，灌泵工作完成。

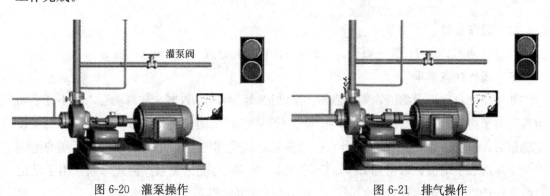

图 6-20　灌泵操作　　　　　　　　图 6-21　排气操作

3. 启动离心泵

在启动离心泵时，主调节阀应关闭，如果主调节阀全开，会导致泵启动时功率过大，从而可能引发烧泵事故。

4. 读取数据

等涡轮流量计的示数稳定后，即可读数。

5. 记录多组数据

调节主调节阀的开度以改变流量，然后重复第 4～5 步，从大到小测 10 组数据。记录完毕后进入数据处理。

实验 20　流量计的认识和校验

一、实验流程

流量计校验实验的基本流程如图 6-22 所示。

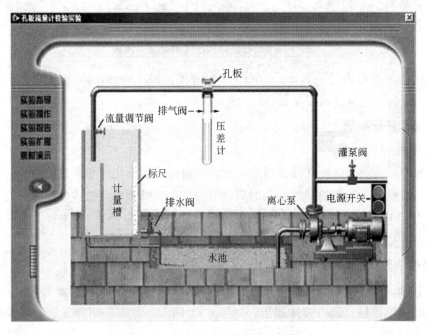

图 6-22　流量计校验实验基本流程

二、设备参数

计量桶面积：1m^2；管道直径：30mm；孔板开孔直径：20mm。

三、操作注意事项

如果使用自动记录功能，则当点击"自动记录"键时，数据会被自动写入而不需手动填写。为了更好地表现孔流系数 C_0 在 Re 比较小时随 Re 的变化，最好把实验中的流量设定得很低，以获得较小的 Re。另外，一般流量计校验实验是在孔流系数几乎不变的范围内测定多次取平均值，以得到 C_0，而不采用 C_0 随 Re 的变化关系。因此，如果用手动记录数据和计算，就会出现很大的误差，用自动计算可以得到比较好的结果。

实验 21　流体阻力系数测定

一、实验流程

流体阻力实验的基本流程如图 6-23 所示。

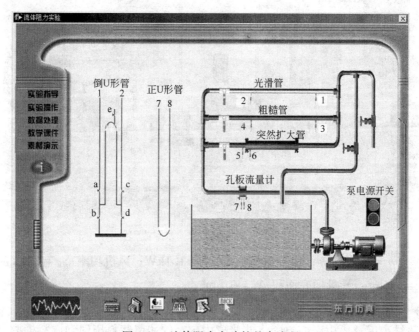

图 6-23　流体阻力实验的基本流程

二、设备参数

光滑管：玻璃管，管内径＝20mm，管长＝1.5m，绝对粗糙度＝0.002mm；

粗糙管：镀锌铁管，管内径＝20mm，管长＝1.5m，绝对粗糙度＝0.2mm；

突然扩大管：细管内径＝20mm，粗管内径＝40mm；

孔板流量计：开孔直径＝12mm，孔流系数＝0.62。

三、操作注意事项

1. 管道系统排气以及调节倒 U 形压差计　将管道中所有阀门都打开，使水在 3 个管路中流动一段时间，直到排尽管道中的空气，然后点击倒 U 形管，会出现一段调节倒 U 形管的动画。最后关闭各阀门，开始试验操作。

2. 数据读取　读数为两液面高度差，单位为 mm。

实验 22　板框过滤实验

一、实验流程

实验的基本流程如图 6-24 所示。实验所用物料体系为碳酸钙悬浮液的过滤，配制的悬浮液质量浓度约为 15%。

二、设备参数

板框数：$n = 10$ 个；滤板尺寸：长×宽＝300×300mm；总过滤面积 $A_0 = 1.80m^2$；

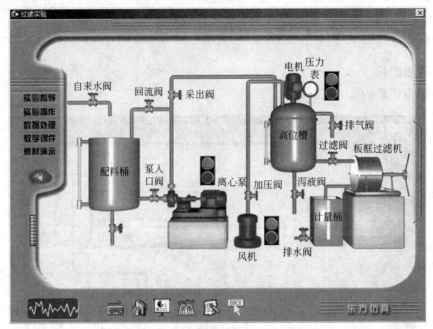

图 6-24　板框过滤实验基本流程

过滤压力差 $\Delta p = 0.15\text{MPa}$；搅拌电机功率 $N_1 = 1.1\text{kW}$；风机功率 $N_2 = 1.1\text{kW}$；配料桶底面积 $A_1 = 0.5\text{m}^2$；计量桶底面积 $A_1 = 0.5\text{m}^2$。

三、操作注意事项

1. 实验结束后，要用压缩空气将储浆罐中剩余的残留浆料压回到调料桶内。

2. 实验结束后，将计量桶内的滤液返回配料槽。

3. 实验结束后，卸开板框，将板框和滤布清洗干净；将滤饼返回料槽。

4. 实验结束后，要用水洗净储浆罐、储浆罐至压滤机之间的管道，并用排污阀放出。

实验 23　空气-蒸汽/水-蒸汽系统的传热实验

一、实验流程

传热实验的基本流程如图 6-25 所示。

二、设备参数

本实验蒸汽发生器由不锈钢制成，安有玻璃液位计。发生器的热功率为 1.5kW。

孔板流量计的流量计算关联式为：

$$V = 4.49R^{0.5}$$

式中　R——孔板压差，mmH_2O；

　　　V——空气流量，m^3/h。

换热套管：套管外管为玻璃管，内管为黄铜管。

套管有效长度为 1.25m，内管内径为 0.022m。

三、操作注意事项

1. 关于温度测量　传统的实验中采用电位差计测定热电势，再由公式计算得出。本

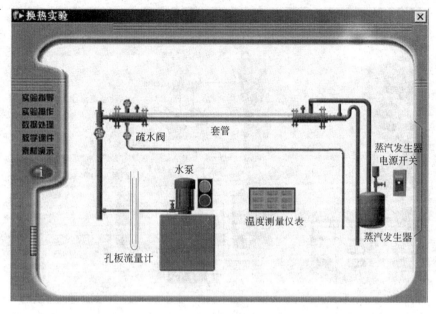

图 6-25　传热实验的基本流程

实验中采用数字显示仪表直接显示温度。

2. 关于不凝气排放　如果不打开放气阀，套管内的压力将不断增大，理论上最后可能发生爆炸。实际上由于套管的密封程度不是很好，会漏气，所以压力不会升高很多，基本可以忽略。另外不凝气的影响在实际的实验中并不是很大，在仿真实验中为了说明问题做了一定的夸大。

3. 关于蒸汽发生器安全性问题　本仿真实验中蒸汽发生器的操作控制和安全性问题进行了简化。

4. 关于传热实验所用物系　传热实验中，可选用水-蒸汽体系或空气-蒸汽体系。选用水-蒸汽体系时，管内的介质为水；选用空气-蒸汽体系时，管内的介质为空气，实验原理相同。

实验 24　乙醇-水体系的精馏实验

一、实验流程

本实验进料的溶液为乙醇-水体系，其中乙醇占 20％（摩尔分数）。精馏实验的基本流程如图 6-26 所示。溶液储备在储液罐中，用泵对塔进行进料，塔釜用电热器加热，电热器的电压由控制台来调整。塔釜的蒸汽上升到塔顶后，由塔顶的冷却器进行冷却（在仿真实验中设置为常开，无需开关冷却水阀），冷却后的冷凝液进入储液罐，用回流阀门及产品收集罐的阀门开度调整来控制回流比。产品进入产品收集罐。精馏塔压力由设置在储液罐上部的衡压阀来调节（在塔压高的时候可打开阀门进行降压，一般塔压控制在 1.2atm 以下）。

二、设备参数

1. 精馏塔　塔身为直径 $\phi 57 \times \delta 3.5 mm$ 的不锈钢；塔板采用不锈钢筛板结构，设有两

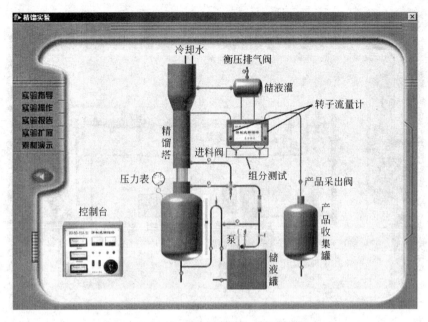

图 6-26　乙醇-水体系精馏实验的基本流程

个进料口，共 15 块塔板，塔板厚度 δ1mm，板间距为 10cm；板上开孔率为 4％，孔径 d2mm，孔数为 21 个；孔按正三角形排列；降液管为 ϕ14×δ2mm 的不锈钢管；堰高 10mm；在塔顶和灵敏板的塔段中装有 WZG-001 微型铜电阻感温计各一支，并由仪表柜的 XCZ-102 温度指示仪加以显示。

2. 蒸馏釜　釜体为 ϕ250×H340×δ3mm 不锈钢材质，立式结构；用两支 1kW 的 SRY-2-1 型电热棒进行加热，其中一支为恒温加热，另一支则用自耦变压器调节控制，并由仪表柜上的电压、电流表加以显示；釜体上装有温度计和压力计，以测量釜内的温度和压力。

3. 冷凝器　采用不锈钢蛇管式冷凝器，蛇管规格为 ϕ14×δ2mm、L2500mm；用自来水作冷却剂，冷凝器上方装有排气旋塞。

4. 产品贮槽　产品储槽规格为 ϕ250×H340×δ3mm，不锈钢材质；储槽上方设有观察罩，以观察产品流动情况。

三、操作注意事项

1. 简化掉了配液过程，设定原料液直接装在原料罐内。

2. 两组电热棒的加热电源开关简化为一个。

3. 加热开始后、回流开始前，应注意塔釜温度和塔顶压力的变化。当塔顶压力超过一个大气压较多时（例如 0.1atm 以上），应打开衡压排气阀进行排气降压。此时应密切注意塔顶压力，当降到一个大气压时，应马上关闭。注意：回流开始以后就不能再打开衡压排气阀，否则会影响结果。

4. 塔顶、塔底馏出产品的检验，实际过程中可以采用液体比重天平或折光仪间接测定，本仿真实验为了简化起见，直接给出了产品的摩尔分数。

实验 25 乙醇-丙醇体系的精馏实验

一、实验流程

本实验进料的溶液为乙醇-丙醇体系，其中乙醇占 30％（摩尔分数）。精馏实验的基本流程如图 6-27 所示。溶液储备在储液罐中，用泵对塔进行进料，塔釜用电热器加热，电热器的电压由控制台来调整。塔釜的蒸汽上升到塔顶后，由塔顶的冷却器进行冷却（在仿真实验中设置为常开，无需开关冷却水阀），冷却后的冷凝液进入储液罐，用回流阀门及产品收集罐的阀门开度调整来控制回流比。产品进入产品收集罐。精馏塔压力由设置在储液罐上部的衡压阀来调节（在塔压高的时候可打开阀门进行降压，一般塔压控制在 1.2atm 以下。）

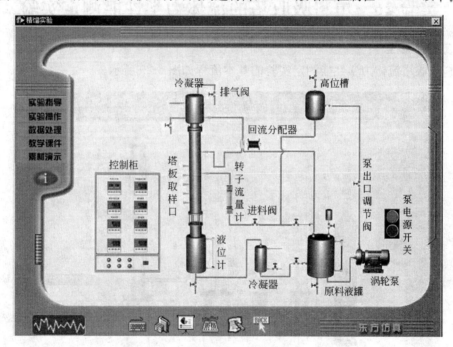

图 6-27 乙醇-丙醇体系精馏实验基本流程

二、设备参数

1. 精馏塔 塔身为直径 $\phi 57 \times \delta 3mm$ 的不锈钢；塔板采用不锈钢筛板结构，设有两个进料口，共 8 块塔板，塔板厚度 $\delta 1mm$，板间距为 8cm；板上开孔率为 4％，孔径 $d 1.5mm$，孔数为 43 个；孔按正三角形排列；孔间距为 6mm；降液管为 $\phi 14 \times \delta 2 \, mm$ 的不锈钢管；堰高 10mm，底隙高度为 4mm；在塔顶和灵敏板的塔段中装有 WZG-001 微型铜电阻感温计各一支，并由仪表柜的 XCZ-102 温度指示仪加以显示。

2. 蒸馏釜 釜体为 $\phi 108 \times H 400 \times \delta 4mm$ 不锈钢材质，立式结构；用一支 1kW 的 SRY-2-1 型电热棒进行加热，一支 300W 的电热棒恒温加热，并由仪表柜上的电压、电流表加以显示；釜体上装有温度计和压力计，以测量釜内的温度和压力。

3. 冷凝器 采用不锈钢蛇管式冷凝器，换热面积为 0.7m²。管内走物料，管外走冷却水。

4. 原料液罐 尺寸为 $\phi 300 \times H 350 \times \delta 3mm$，不锈钢材质，装有液面计，以便观察槽

内料液量。

5. 高位储槽　尺寸为 $\phi 300 \times H350 \times \delta 3mm$，不锈钢材质，顶部有放空管及与泵相连的入口管，下部有向塔供料的出口管。

6. 原料泵　20w-20 型旋涡式水泵，流量为 $0.072m^3/$ h，扬程为 $20mH_2O$。

三、操作注意事项

由于灌塔时有延迟效应，所以在接近 1/2 左右就应关闭进料阀门，然后液面会稍有上升，如图 6-28 所示。

图 6-28　灌塔时进料阀门的关闭

实验 26　填料吸收塔的流体力学性能测定实验

一、实验流程

填料吸收塔流体力学性能测定实验的基本流程如图 6-29 所示。

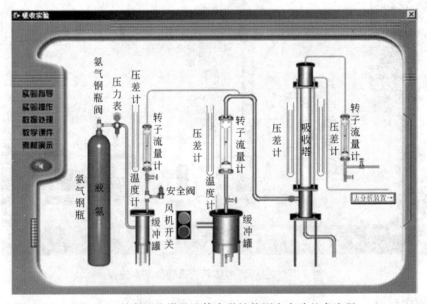

图 6-29　填料吸收塔的流体力学性能测定实验基本流程

二、设备参数

吸收塔尺寸：塔径 $\phi 0.10m$，填料层高 0.75m；

填料参数：瓷拉西环，$\phi 12 \times h12 \times \delta 1.3mm$，$a_1 = 403m^{-1}$，$\varepsilon = 0.764$，$a_1/\varepsilon^3 = 903m^{-1}$。

三、操作注意事项

1. 水的喷淋量　本实验是在一定的喷淋量下测量塔的压降，水的流量应不变。在以后实验过程中不要改变水流量调节阀的开度。

2. 数据读取　测量湿塔的压降与测量干塔的压降所读取的数据方法基本一致，参见"测量干塔压降"的"读取数据"，但只多了一项水的流量，点击水的转子流量计即可读取；逐渐加大空气流量调节阀的开度，增加空气流量，多读取几组塔的压降数据。

3. 泛点观察　注意塔内的气液接触状况,并注意填料层的压降变化幅度。液泛后填料层的压降在气速增加很小的情况下明显上升,此时再取 1~2 个点即可,不要使气速过分超过泛点。

实验 27　清水吸收混合空气中氨的传质性能测定实验

一、实验流程

填料吸收塔中清水吸收混合空气中氨的传质性能测定实验基本流程如图 6-30 所示。氨气钢瓶来的氨气经缓冲罐、转子流量计与从风机来经缓冲罐、转子流量计的空气汇合,进入吸收塔的底部,吸收剂(水)从吸收塔的上部进入,二者在吸收塔内逆向流动进行传质。

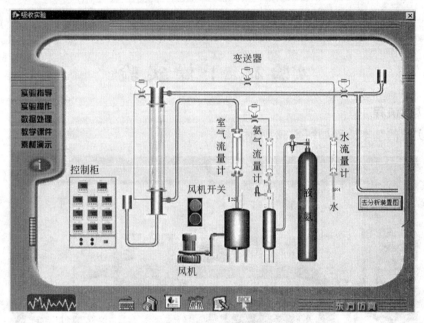

图 6-30　氨的传质性能测定实验基本流程

从塔顶出来的尾气进到分析装置进行分析,分析装置由稳压瓶、吸收盒及湿式气体流量计组成,如图 6-31 所示。稳压瓶是防止压力过高的装置,吸收盒内放置一定体积的稀硫酸作为吸收液,用甲基红作为指示剂,当吸收液到达终点时,指示剂由红色变为黄色。

二、设备参数

吸收塔:$\phi 0.10m$,不锈钢材质;填料层高 0.75m。

填料参数:瓷拉西环,$\phi 12 \times H12 \times \delta 1.3mm$;$a_1 = 403m^{-1}$,$\varepsilon = 0.764$,$a_1/\varepsilon^3 = 903m^{-1}$。

三、操作注意事项

1. 本实验是在一定的喷淋密度下测量填料塔的传质性能,所以水的流量应不变,故在实验过程中不要改变水流量调节阀的开度。

2. 尾气分析采用硫酸与氨的中和法进行,所取硫酸体积为 1mL,硫酸浓度为 0.00484mol/L。

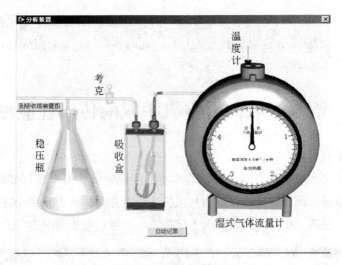

图 6-31 尾气分析装置

实验 28 干 燥 实 验

一、实验流程

干燥实验的基本流程如图 6-32 所示。

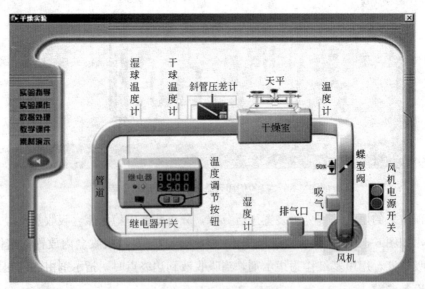

图 6-32 干燥实验基本流程

二、设备参数

孔板流量计：管径 $D=106mm$，孔径 $d=68.46mm$，孔流系数 $C_0=0.6655$。

干燥室尺寸：$W \times L \times H = 0.15m \times 0.30m \times 0.25m$。

三、操作注意事项

1. 禁止在启动风机以前加热，这样会烧坏加热器。

2. 如果实验当中有一个数据的记录发生错误，按照实验的规程，本次实验的所有数据作废，应该重新开始实验。

附　　录

附录一　化工原理实验基础数据

附表 1-1　干空气的物理性质（101.3kPa）

温度 t/℃	密度 ρ/(kg/m³)	比热容 Cp/ [kJ/(kg・℃)]	热导率 λ/ [10²W/(m・K)]	黏度 μ /10⁶Pa・s	普朗特数 Pr
0	1.293	1.009	2.442	1.72	0.707
10	1.247	1.009	2.512	1.76	0.705
20	1.205	1.013	2.593	1.81	0.703
30	1.165	1.013	2.675	1.86	0.701
40	1.128	1.013	2.756	1.91	0.699
50	1.093	1.017	2.826	1.96	0.698
60	1.060	1.017	2.896	2.01	0.696
70	1.029	1.017	2.966	2.06	0.694
80	1.000	1.022	3.047	2.11	0.692
90	0.972	1.022	3.128	2.15	0.690
100	0.946	1.022	3.210	2.19	0.688
120	0.898	10.26	3.338	2.28	0.686
140	0.854	1.026	3.489	2.37	0.684
160	0.815	1.026	3.640	2.45	0.682
180	0.779	1.034	3.780	2.53	0.681
200	0.746	1.034	3.931	2.60	0.680
250	0.674	1.043	4.268	2.74	0.677

附表 1-2　水的物理性质

温度 t/℃	饱和蒸气压 p_s/kPa	密度 ρ/ (kg/m³)	比热容 Cp/ [kJ/(kg・℃)]	热导率 λ /[10²W/(m・K)]	黏度 μ/ 10⁵Pa・s	普朗特数 Pr
0	0.6082	999.9	4.212	55.13	179.21	13.67
10	1.2262	999.7	4.191	57.45	130.77	9.52
20	2.3346	998.2	4.183	59.89	100.50	7.01
30	4.2474	995.7	4.174	61.76	80.07	5.42
40	7.3766	992.2	4.174	63.38	65.60	4.32
50	12.310	988.1	4.174	64.78	54.94	3.54
60	19.923	983.2	4.178	65.94	46.88	2.98

温度 $t/℃$	饱和蒸气压 p_s/kPa	密度 $\rho/$ (kg/m^3)	比热容 $Cp/$ $[kJ/(kg \cdot ℃)]$	热导率 λ $/[10^2 W/(m \cdot K)]$	黏度 $\mu/$ $10^5 Pa \cdot s$	普朗特数 Pr
70	31.164	977.8	4.178	66.76	40.61	2.54
80	47.379	971.8	4.195	67.45	35.65	2.22
90	70.136	965.3	4.208	67.98	31.65	1.96
100	101.33	958.4	4.220	68.04	28.38	1.76
110	143.31	951.0	4.238	68.27	25.89	1.61
120	198.64	943.1	4.250	68.50	23.73	1.47
130	270.25	934.8	4.266	68.50	21.77	1.36
140	361.47	926.1	4.287	68.27	20.10	1.26
150	476.24	917.0	4.312	68.38	18.63	1.18

附表 1-3　丙酮饱和蒸气压与温度的关系

温度 $t/℃$	饱和蒸气压 $p_s/mmHg$	温度 $t/℃$	饱和蒸气压 $p_s/mmHg$	温度 $t/℃$	饱和蒸气压 $p_s/mmHg$
5	90.07	16.5	157.4	28	261.41
5.5	92.39	17	161.08	28.5	266.96
6	94.76	17.5	164.82	29	272.60
6.5	97.18	18	168.63	29.5	278.34
7	99.56	18.5	172.52	30	284.18
7.5	102.17	19	176.47	30.5	290.12
8	104.75	19.5	180.51	31	296.16
8.5	107.37	20	184.61	31.5	302.30
9	110.06	20.5	188.8	32	308.54
9.5	112.79	21	193.06	32.5	314.88
10	115.59	21.5	197.39	33	321.33
10.5	118.44	22	201.81	33.5	327.89
11	121.35	22.5	206.31	34	334.55
11.5	124.31	23	210.31	34.5	341.32
12	127.34	23.5	215.55	35	348.21
12.5	130.34	24	220.30	35.5	355.20
13	133.57	24.5	225.13	36	362.31
13.5	136.78	25	230.04	36.5	369.53
14	140.06	25.5	235.05	37	376.87
14.5	143.39	26	240.14	37.5	384.32
15	146.80	26.5	245.32	38	391.89
15.5	150.26	27	250.59	38.5	399.58
16	153	27.5	255.95	39	407.40

附表 1-4 丙酮-水溶液的平衡分压

液相含量 x	平衡分压 p^* /kPa				
	10℃	20℃	30℃	40℃	50℃
0.01	0.906	1.599	2.706	4.399	7.704
0.02	1.799	3.066	4.998	7.971	12.129
0.03	2.692	4.479	7.131	11.063	16.528
0.04	3.466	5.705	8.997	18.862	20.660
0.05	5.185	6.838	10.796	16.528	24.525
0.06	4.745	7.757	12.263	18.794	27.724
0.07	5.318	8.664	13.596	20.926	30.923
0.08	5.771	9.431	14.928	22.793	33.722
0.09	6.297	10.197	16.128	24.525	36.255
0.10	6.744	10.930	17.061	26.258	38.654

附表 1-5 丙酮在空气中的极限含量 (1.2×10^5 Pa)

温度/℃	饱和含量 y/%	温度/℃	饱和含量 y/%
0	8.5	25	24.4
10	11.4	30	30.9
15	14.6	35	38.2
20	17.9	40	46.3

附表 1-6 氨气的性质

温度/℃	0	5	10	15	20	25	30	35	40	45	50
饱和蒸气压/kPa	338.5	515.8	615.0	728.8	857.2	1002.8	1166.5	1350.0	1554.4	1781.4	2032.7
密度/(kg/m³)	3.452	4.108	4.859	5.718	6.694	7.795	9.034	10.431	12.005	13.774	15.756

附表 1-7 乙醇-水的汽液平衡组成 (101.3kPa)

温度 t/℃	摩尔分数/%		温度 t/℃	摩尔分数/%	
	液相	气相		液相	气相
100	0.0	0.0	81.5	32.73	58.26
95.5	1.90	17.0	80.7	39.65	61.22
89.0	7.21	38.91	79.8	50.79	65.64
86.7	9.66	43.75	79.7	51.98	65.99
85.3	12.38	47.04	79.3	57.32	68.41
84.1	16.61	50.89	78.74	67.63	73.85
82.7	23.37	54.45	78.41	74.72	78.15
82.3	26.08	55.80	78.15	89.43	89.43

附表 1-8 常压下乙醇-水系统汽液平衡数据 (101.3kPa)

液相中乙醇的摩尔分数	气相中乙醇的摩尔分数	液相中乙醇的摩尔分数	气相中乙醇的摩尔分数	液相中乙醇的摩尔分数	气相中乙醇的摩尔分数
0.0	0.0	0.20	0.525	0.65	0.725
0.01	0.11	0.25	0.551	0.70	0.755
0.02	0.175	0.30	0.575	0.75	0.785
0.04	0.273	0.35	0.595	0.80	0.82
0.06	0.340	0.40	0.614	0.85	0.855
0.08	0.392	0.45	0.635	0.894	0.894
0.10	0.430	0.50	0.657	0.90	0.898
0.14	0.482	0.55	0.678	0.95	0.942
0.18	0.513	0.60	0.698	1.0	1.0

附表 1-9 不同温度下乙醇-水溶液的密度与质量分数的关系

质量分数/%	密度/(10^3 kg/m³)			质量分数/%	密度/(10^3 kg/m³)		
	20℃	25℃	30℃		20℃	25℃	30℃
1	0.99636	0.99520	0.99379	24	0.96312	0.96048	0.95769
2	0.99453	0.99336	0.99194	25	0.96118	0.95895	0.95607
3	0.99275	0.99157	0.99014	26	0.96020	0.95738	0.95442
4	0.99103	0.98984	0.98839	27	0.95867	0.95576	0.95272
5	0.98938	0.98817	0.98670	28	0.95710	0.95410	0.95098
6	0.98780	0.98656	0.98507	29	0.95548	0.95241	0.94922
7	0.98627	0.98500	0.98347	30	0.95382	0.95067	0.94741
8	0.98478	098346	0.98189	31	0.95212	0.94890	0.94557
9	0.98331	0.98193	0.98031	32	0.95038	0.94709	0.94370
10	0.98187	0.98043	0.97875	33	0.94860	0.94525	0.94180
11	0.98047	0.97897	0.97723	34	0.94679	0.94337	0.93986
12	0.97910	0.97753	0.97573	35	0.94494	0.94146	0.93790
13	0.97775	0.97611	0.97424	36	0.94306	0.93952	0.93591
14	0.97643	0.97472	0.97278	37	0.94114	0.93756	0.93390
15	0.97514	0.97334	0.97133	38	0.93919	0.93556	0.93186
16	0.97387	0.97199	0.96990	39	0.93720	0.93353	0.92979
17	0.97259	0.97062	0.96844	40	0.93518	0.93148	0.92770
18	0.97129	0.96923	0.96697	41	0.93314	0.92940	0.92558
19	0.96997	0.96782	0.96547	42	0.93107	0.92729	0.92344
20	0.96864	0.96639	0.96395	43	0.92897	0.92516	0.92128
21	0.96729	0.96495	0.96242	44	0.92685	0.92301	0.91910
22	0.96592	0.96348	0.96087	45	0.92472	0.92085	0.91692
23	0.96453	0.96199	0.95929	46	0.92257	0.91868	0.91472

质量分数/%	密度/(10^3 kg/m³)			质量分数/%	密度/(10^3 kg/m³)		
	20℃	25℃	30℃		20℃	25℃	30℃
47	0.92041	0.91649	0.91250	74	0.85806	0.85376	0.84941
48	0.91823	0.91429	0.91028	75	0.85564	0.85134	0.84698
49	0.91604	0.91208	0.90805	76	0.85322	0.84891	0.84455
50	0.91384	0.90985	0.90580	77	0.85079	0.84647	0.84211
51	0.91160	0.90760	0.90353	78	0.84835	0.84403	0.83966
52	0.90936	0.90534	0.90125	79	0.84590	0.84158	0.83720
53	0.90711	0.90307	0.89896	80	0.84344	0.83911	0.83473
54	0.90485	0.90079	0.89667	81	0.84096	0.83664	0.83224
55	0.90258	0.89850	0.89437	82	0.83848	0.83415	0.82974
56	0.90031	0.89621	0.89206	83	0.83599	0.83164	0.82724
57	0.89803	0.89392	0.88975	84	0.83348	0.82913	0.82473
58	0.89574	0.89162	0.88744	85	0.83095	0.82660	0.82220
59	0.89344	0.88931	0.88512	86	0.82840	0.82405	0.81965
60	0.89113	0.89699	0.88278	87	0.82583	0.82148	0.81708
61	0.88882	0.89446	0.88044	88	0.82323	0.81888	0.81448
62	0.88650	0.89233	0.87809	89	0.82062	0.81626	0.81186
63	0.88417	0.87998	0.87574	90	0.81797	0.81362	0.80922
64	0.88183	0.87763	0.87337	91	0.81529	0.81094	0.80655
65	0.87948	0.87527	0.87100	92	0.81257	0.80823	0.80384
66	0.87713	0.87291	0.86863	93	0.80983	0.80549	0.80111
67	0.87477	0.87054	0.86625	94	0.80705	0.80272	0.79853
68	0.87241	0.86817	0.86387	95	0.80424	0.79991	0.9555
69	0.87004	0.86579	0.86148	96	0.80138	0.79706	0.79271
70	0.86766	0.86340	0.85908	97	0.79846	0.79415	0.78981
71	0.86527	0.86100	0.85667	98	0.79547	0.79117	0.78684
72	0.86287	0.85859	0.85426	99	0.79243	0.78814	0.78382
73	0.86047	0.85618	0.85184	100	0.78934	0.78506	0.78075

附表 1-10　文氏管流量计压差计示值与流量的换算关系（喉径 d_v=14mm，管径 ϕ40×4）

R/mmHg	1	5	10	20	30	40	50	60	70	80
Q/(L/s)	0.262	0.579	0.816	1.148	1.402	1.615	1.803	1.973	2.129	2.274
R/mmHg	90	100	200	300	400	500	600	700	800	1000
Q/(L/s)	2.410	2.538	3.572	4.363	5.028	5.613	6.141	6.626	7.077	7.900

注：R-Q 的拟合关系式为：lg$Q$=0.4931 lg$R$-0.5817，式中，Q——L/s；R——mmHg。

附录二 化工原理实验常用工具/量具、材料与管件/阀门

附表 2-1 常用工具/量具

1. 钳工工具

名　称	类　别	规　格	主要用途
锉刀	平锉、方锉、圆锉、半圆锉、三角锉	粗、中、细齿；150、200、300、400mm	对工件表面，尤其是弧面、外圆槽面、凹凸面的加工与扩孔等
扳手	固定扳手、活动扳手	150、200、250、300mm	一般螺栓紧固
	梅花扳手、套筒扳手	ϕ8、10、12、14、16、18、20、22、24、26mm 等	排列密度较大或螺孔下凹的螺栓紧固
圆板牙	圆板牙、圆板牙绞手	M6、8、10、12、14mm 等	攻外螺纹
丝攻	头攻、二攻、绞杆	M6、8、10、12、14mm 等	攻内螺纹
皮带冲		ϕ3、4、6、8、10、12mm 等	冲孔或冲制各种规格非金属垫片
虎钳	台虎钳、手虎钳	大、中、小号	固定工件
钢锯	锯弓、锯条	粗、中、细齿	分割材料或工件
划规		大、中、小号	用于放样、划线（圆）
样冲		大、中、小号	用于工件上钻孔时打眼定位
电动工具	台钻、手电钻、电锤	ϕ12、16、20、24mm 等	钻孔
	切割机、砂轮机	ϕ300、400、500mm 等	下料：工件的外表面磨削面

2. 管道工工具

名　称	类　别	规　格	主要用途
龙门钳		大、中、小号	攻管螺纹时固定
管钳		200、300、400、600mm	安装、拆卸管道
管板牙	英制、公制	公制ϕ15、20、25、50mm	攻管螺纹
管板牙架（绞手）		大、中、小号	攻管螺纹
弯管器	手动、电动	大、中、小号	弯曲管道
割管器	手动、电动	大、中、小号	截取所需长度的钢管
扩管器	手动、电动	大、中、小号	胀接管道时扩管

3. 电工工具

名　称	类　别	规　格	主要用途
钢丝（老虎）钳		大、中、小号	截断或连接导线
尖嘴钳		大、中、小号	截断或连接导线（宜于窄小工作区）
断线钳		大、中、小号	截断导线
剥线钳		大、中、小号	快速剥弃线头的塑料包皮
螺丝刀（启子）	一字、十字启		安装或拆卸凹槽螺栓
试电笔	带或不带螺丝刀	大、中、小号	测试火线是否通电
万用电表	数显或指针式		测量电压、电阻与电流值

4. 常用量具

名　称	规　格	用　途
钢转尺	1、2、5m	下料
角尺	200、300、600mm	标定直角
千分尺	200、300、500mm	高精度厚度直径测量
水平尺	300、400、500mm	工件、设备水平度校正
钢皮尺	300、600、1000mm	一般长度测量
游标卡尺	300、500mm	精密长度、直径测量
塞规		高精度缝隙测量

附表 2-2　常用材料

1. 轴密封材料

名称	常用规格/mm	主要性能	主要用途
石墨盘根	10×10、15×15、20×20	耐热、耐磨、密封性好	高温、大轴径
牛油盘根	10×10、15×15、20×20	耐磨、密封性好	常温、大轴径
石棉绳	ϕ6、8、10、12、16、20	耐磨、密封性好	高温、小轴径
生料带	厚度：0.1、0.2 长度：10m、20m 盒装	耐磨、耐磨、耐腐蚀、密封性好	高温、小轴径、腐蚀性
聚四氟乙烯	各种规格密封圈、密封套	耐磨、耐磨、耐腐蚀、密封性好	高温、腐蚀性物料
O形橡胶环	ϕ6~50 各种规格	耐腐蚀、密封性好	常温、小轴径、腐蚀性
膨胀石墨	各种规格密封圈、密封套	耐磨、耐磨、耐腐蚀、密封性好	高温腐蚀性物料

2. 保温材料

类型	名称			容重/(kg/m)	热导率/[kJ/(m·℃)]	使用温度/℃
纤维型	玻璃棉			80~120	0.167~0.335	<350
	超细玻璃棉			10~20	0.117	有碱：<450,无碱：<650
	矿渣棉			100~200	0.167	
	岩石棉					600~800
石棉类	石棉绒			300~400	0.293(常温)	<480
	石棉绳			300~400		<500
	石棉碳酸镁					
	硅藻土石棉			350~400	0.1	<900
发泡型	硅藻土					<1280
	泡沫混凝土			400~500	0.418	<85
	微孔硅酸钙			180~200	0.188~0.333	<91
	泡沫塑料	聚氨基甲酸酯		40~60	0.084	<70
		聚苯乙烯		15~50	0.159	<70
	泡沫玻璃					
多孔颗粒	膨胀珍珠岩			70~350	0.146~0.293	<800
	膨胀蛭石			80~200	0.167~0.251	<600

3. 平面密封材料

名称	类别	常用规格	主要性能	主要用途
橡胶板	普通、耐酸、耐油	厚度：1~10mm 等	耐酸、油、耐腐蚀	常压平面密封垫
石棉橡胶板		厚度：2~6mm 等	耐温、耐腐蚀	中、低压平面密封垫
羊毛毡		厚度：3~10mm 等	耐油、耐腐蚀	常压平面密封垫
青稞纸		厚度：0.1~1mm 等	耐温、耐腐蚀	中高压、高精度平面密封垫
膨胀石墨		厚度：1~10mm 等	耐温、油、耐腐蚀	中、低压平面密封垫
铜板	黄铜、紫铜	厚度：1~6mm 等	耐温、油、耐腐蚀	中、高压平面密封垫
铝板		厚度：1~6mm 等	耐温、耐压、耐腐蚀	中、高压平面密封垫

4. 防腐材料

名称	产品类别	主要性能	主要用途
铸石	各种形状的板、管及粉末等	较高的耐磨、耐腐蚀和绝缘性能	化工设备、管道的防腐衬里
耐酸陶瓷	平砖、异型砖	良好的耐温、耐酸性能	化工设备、管道的防腐衬里
环氧树脂	树脂、树脂漆、玻璃钢制品	良好的耐腐蚀性能，耐温性差	化工设备、管道的表面防腐
聚氯乙烯	各种型、板材、容器、管、泵	良好的耐蚀、电绝缘性，不耐温	腐蚀性物料容器、管道、泵
聚四氟乙烯	各种管、带、板、棒等型材	耐酸、碱、强氧化剂，耐温，耐磨。电绝缘性、润湿性良好，耐气候性好	化工设备、管道的防腐衬里，加工零件，无油润滑，密封材料
大漆	因产地而异	耐温、耐腐蚀性、耐老化	化工设备、管道的表面防腐
橡胶	各种管、板、带与颗粒料	优良的耐腐蚀性，耐溶剂性差	化工设备、管道的防腐衬里
搪玻璃	各种管、容器、反应釜、塔节等	优良的耐酸、耐溶剂性	强酸性有机物料容器、反应釜等
耐酸水泥		良好的耐酸性能	酸性物料的防腐衬里

注：另外还有(1)金属材料　钢材、铸材、铜材、铝材、钛材(详细规格型号可查阅参考文献[16])。
(2)非金属材料　橡胶、陶瓷、搪玻璃、塑料、辉绿岩、石墨、玻璃等(详细资料可查阅参考文献[17])。
(3)管螺纹密封　生料带；油漆加油麻；密封胶。

附表 2-3　常用管件/阀门

1. 化工管路颜色标志

物料名称	颜色	色圈	物料名称	颜色	色圈	物料名称	颜色	色圈	物料名称	颜色	色圈
过热蒸汽	红		氧气	天蓝		排水管	绿	红	碱液	粉红	
饱和蒸汽	红	黄	氨气	黄		纯水	绿	白	油类	棕	
压缩空气	深紫		氮气	黑		冷凝水	绿	蓝	消防水管	橙黄	
燃料气	紫		水管	绿		酸液	红	白			

2. 常用管件/阀门

名称	代号	主要特点	主要用途
闸阀	Z	密封性好、流动阻力小,易磨损,难修复	使用与开启少,需减少流动阻力的场合
截止阀	J	密封性差、调节性好(精度不高),易维修	用于开启频繁、小管径需调节流量的场合
球阀	Q	密封性好、阻力小、开启方便	适用于小管径,开启频繁需减少阻力的场合
考克(旋塞)	X	外形小、密封性好、阻力小、开启方便	适用于快速开、闭和减少阻力的场合
蝶阀	D	开闭迅速、有一定流量调节性、阻力小、密封性差	适用于快速开、闭和减少阻力的场合
隔膜阀	G	密封性好、阻力小、防腐性能好,无轴封	适用于腐蚀性流体
节流阀	L	外形小、调节性好,精度不高	减压调节流量和流量调节
减压阀	Y	将进口压力降低到额定压力,且能维持出口压力恒定	用于设备和管道减压
止回阀	H	密封性好,阻力大,限制流体单向流动,分立,卧式	用于必须控制流体单向流动的场合
安全阀	A	超压时自动开启,全量排放,压力不足时可及时关闭	用于受压设备的超压保护,保证压力容器的安全
疏水阀	S	自动排除蒸汽管道和设备中产生的冷凝水和不凝气	用于蒸汽加热器排除冷凝水,防止蒸汽排出

注:其他管件如弯头、内外接头、三通、四通、活接头、管帽、法兰等,其详细规格型号可查阅参考文献[14])。

附录三　化工原理实验学生守则

实验室是进行教学、科研活动的场所,学生进入实验室必须遵守实验室的有关管理制度。

1. 不准穿背心、短裤、裙子、高跟鞋、拖鞋(除规定须换专门拖鞋外)或赤脚进入实验室。

2. 在实验室做实验(或论文与设计)时必须注意保持室内整洁与安静,思想集中,不得喧闹、戏耍,不得做与实验(或论文与设计)无关的事。

3. 实验室严禁吸烟,不准随地吐痰,不准乱丢纸屑杂物。

4. 不得将小说、杂志等与实验无关的书籍带入实验室。

5. 实验前应认真预习,明确实验目的、原理、要求、步骤以及仪器、设备的使用方法和需要注意的事项并熟悉操作规程,经教师提问并检查预习报告合格后,方可开始实验。

6. 按时进入实验室,迟到十分钟以上者,取消实验资格;无故缺做实验者,本次实验成绩以零分计。

7. 实验时须听从指导教师的安排,思想集中严格遵守操作规程,认真如实地记录各种实验数据，不得抄袭他人的实验记录。

8. 试验中不得擅自动用与本实验无关的仪器设备，未经指导老师许可，不得随意触动实验室内的电器开关。

9. 实验室中要注意安全，节约水、电、药剂，爱护实验仪器设备和工具，遇有事故发生或仪器设备损坏时，应立即报告指导教师，以便及时处理，并写出事故分析报告，检讨、分析事故发生原因，凡损坏仪器、工具及设备均应写报损单，并按具体情况进行处理和赔偿。

10. 凡损坏仪器、工具者应检查原因，填写报损单，若因个人主观原因的应依照有关条例赔偿损失。

11. 实验完毕后，应清点整理好仪器用具，搞好卫生，检查室内水、电、窗等是否符合规定要求，经指导教师检查仪器、设备、工具、水电、门窗、实验记录并签字同意后，方可离开实验室，未经允许，不得将实验室的任何物品带出实验室。未经指导教师同意，不得擅自提前离开实验室。

12. 实验后，要认真按要求写好实验报告，对不符合要求的实验报告，一律退回重写。

附录四　化工原理实验安全操作规程

化工原理实验属于工程实验范畴，与实际化工生产工程十分接近。这就意味着其实验操作环境和化工厂的实际生产过程一样，有高温、高压环境，同样有易燃、易爆、有毒和腐蚀性的物料，具有易燃、易爆、易中毒的特点。为保证实验的正常进行，都必须自觉遵守本实验室的安全操作规程。凡违反本规程者，将按有关条例给予处罚，情节严重者，将报请学校给予相应的纪律处分。

1. 未经实验室管理人员允许，不得擅自进入实验室，更不得擅自启动实验设备。

2. 不准穿背心、拖鞋、短裤、裙子、高跟鞋进入实验室。

3. 实验室严禁吸烟，也禁止擅自将火种（火柴、打火机）带入实验室。

4. 做实验前，必须了解灭火器、水龙头所在的准确位置，以防万一。

5. 严禁将与实验无关的人员带入实验现场。

6. 严禁在实验室追赶、嬉戏、打闹。若损坏仪器、设备，需加倍赔偿。

7. 在做实验时，需精心操作，不得擅自离开操作岗位。擅自离开岗位造成实验事故，或损坏仪器、设备者，将从重处罚。

8. 实验操作必须严格遵守工艺控制指标：

① U 形管压差计，不允许超过最大指示高度的 3/4，以防止水银柱冲出；

② 转子流量计，不允许超过最大指示高度的 4/5，以防止顶死转子；

③ 氨吸收实验，氨的压力表指示值不得超过 1.2atm，丙酮吸收实验，进口气相压力不得超过 0.05MPa；

④ 调压器最高使用电压，不得超过 220V；

⑤ 干燥实验的热空气控制温度不得超过 80℃；

⑥ 传热实验电热锅炉的蒸汽表压不得超过 0.1MPa（1atm）；

⑦ 过滤实验的搅拌釜内操作压力不得超过 0.26MPa（2.6atm）；

⑧ 精馏实验塔板上鼓泡层高度不得超过塔板间距的 2/3。

9. 开启高压钢瓶时，应动作缓慢，不能用力过猛，以防高压气体冲出伤人。

10. 开启流量控制阀时，应动作缓慢，不能用力过猛，以防止水银柱冲出。

11. 做传热、干燥实验时，注意不要离电加热器、锅炉太近，以免烫伤。

12. 启动电器、设备时，必须注意安全。首先，必须清楚被启动的电机的编号与相应的电源开关编号是否一致？在电机附近是否有人？设备各岗位的操作人员是否已做好准备？然后才能合上电源开关，以免造成安全事故。

13. 具有毒性、腐蚀性、危险性化学药品，使用时应注意安全，遵守实验室安全规程操作。用完后必须根据规定将其放在指定地点，不允许擅自将其带出实验室。

14. 使用玻璃仪器时，应谨慎小心，以免损坏仪器造成人身伤害。

15. 做完实验后，必须将实验室打扫干净，关好门窗，清理好仪器、设备，关好电源，经指导教师同意后，才能离开实验室。

参 考 文 献

[1] 张金利，张建伟，郭翠梨，胡瑞杰．化工原理实验．天津：天津大学出版社，2005.

[2] 马江权，魏科年，韶晖，冷一欣．化工原理实验．第2版．上海：华东理工大学出版社，2011.

[3] 伍钦，邹华生，高桂田．化工原理实验．第2版．广州：华南理工大学出版社，2008.

[4] 杨祖荣．化工原理实验，北京：化学工业出版社，2004.

[5] 陈寅生．化工原理实验及仿真．上海：东华大学出版社，2005.

[6] 吴嘉．化工原理仿真实验．北京：化学工业出版社，2001.

[7] 祁存谦，胡振瑗．简明化工原理实验．武汉：华中师范大学出版社，1991.

[8] 陈敏恒，丛德滋，方图南，齐鸣斋．化工原理（上，下）．第3版．北京：化学工业出版社．2006.

[9] 柴诚敬，张国亮．化工流体流动与传热．第2版．北京：化学工业出版社．2007.

[10] 贾绍义，柴诚敬．化工传质与分离过程．第2版．北京：化学工业出版社．2007.

[11] 江体乾，吴俊生，黄颂安等．基础化学工程（上，下）．上海：上海科学技术出版社，1990.

[12] 谭天恩，窦梅，周明华．化工原理（上，下）．第3版．北京：化学工业出版社，2006.

[13] 厉玉鸣．化工仪表及自动化．第5版．北京：化学工业出版社，2011.

[14] 化学工业部化工工艺配管设计中心站．化工管路手册（上，下）．北京：化学工业出版社，1988.

[15] 时钧，汪家鼎，余国琮，陈敏恒等．化学工程手册（上、下）．第2版．北京：化学工业出版社，1996.

[16] 申冰冰，王玉红，申泽奇．新编实用五金手册．北京：机械工业出版社，2011.

[17] 中国石化集团上海工程有限公司．化工工艺设计手册（上、下）．第4版．北京：化学工业出版社，2009.